Halina Heitz

Palmiers

Des variétés pour l'appartement, le balcon, la terrasse et le jardin

Les conseils d'une spécialiste pour l'achat, l'entretien et la multiplication

Photos couleurs de photographes célèbres

Illustrations : Ushie Dorner

Traduction : Florence Sénès

Collection dirigée par Patrick Mioulane

HACHETTE /CIL

Table des matières

Table des matières

En guise d'introduction

On constate actuellement un regain d'affection pour les palmiers, comme plantes d'intérieur et d'extérieur. Les jardiniers amateurs et les amoureux des plantes sont de plus en plus nombreux à aménager des jardins d'hiver ou des vérandas vitrées, et à y créer une ambiance exotique avec des palmiers. Ils les installent aussi sur les terrasses, les balcons et dans les jardins abrités .

Mais ce goût pour les palmiers n'est pas uniquement leur fait : regardez l'architecture moderne : façades vitrées à perte de vue. Les banques, les compagnies d'assurances, l'industrie laissent la lumière pénétrer dans leurs bureaux et leurs immeubles neufs. Les conditions sont réunies pour une vogue du palmier, qui surpassera certainement l'engouement que le siècle passé connut pour ces plantes.

Les psychologues ont établi que les personnes qui cultivent des palmiers sont ouvertes, généreuses, dotées d'un bon goût esthétique. C'est peut-être la raison pour laquelle les palmiers sont considérés comme une marque de distinction. Les palmiers sont beaucoup recherchés par les étudiants, qui décorent ainsi leur petit logis. Tous les décorateurs apprécient la ligne parfaite des palmes. Et si les palmiers n'existaient pas, l'architecture d'intérieur manquerait d'un accessoire naturel important.

Ce petit guide en couleurs vous indique comment assurer une croissance régulière à vos palmiers, qui deviendront plus beaux chaque année. Il faut avant tout bien connaître l'espèce à laquelle appartient votre palmier, pour être assuré du succès de vos soins. C'est-à-dire qu'il faut savoir d'où provient cette plante, comment elle vit dans son pays d'origine, et quelles sont ses particularités botaniques.

Les différentes fiches signalétiques vous donnent des renseignements précis, accompagnés d'illustrations. Vous y trouverez des descriptions et des conseils détaillés sur les plus belles espèces de palmiers, toutes reproduites par des photos couleurs. Mais vous découvrirez également dans les autres chapitres de nombreuses choses concernant les palmiers, et que vous ignoriez sans doute jusqu'ici. Soyez assuré que prendre soin de votre palmier est chose aisée, dès lors que vous "comprenez" votre plante. Mais les soins les plus attentifs sont impuissants contre les parasites et les maladies, un chapitre spécial développe ce sujet ; vous y trouverez tout ce que vous devez savoir sur la prévention, l'identification et le traitement. Cela vous permettra d'éviter que votre palmier subisse d'autres dégâts.

Le chapitre sur la germination mérite une attention particulière. Peu de choses ont été écrites sur ce sujet jusqu'ici. Tentez donc de faire pousser des palmiers à partir de simples graines ! Le procédé à respecter vous est indiqué pas à pas. Si cette expérience séduisante réussit, vous aurez une bonne raison d'être fier de votre "main verte". Et surtout, vous pourrez obtenir de cette manière, et à peu de frais, des spécimens rares, que vous ne pourriez acheter nulle part.

Si vous aimez utiliser des plantes pour orner votre appartement, vous apprécierez les conseils de décoration. De plus, les amis de l'hydroculture trouveront de nombreuses indications précieuses. Tout aussi importantes sont les précisions pour l'achat, parce que cette acquisition est le début d'une aventure exotique qui n'est pas près de s'achever.

L'auteur et la rédaction de cette série vous souhaitent de connaître du plaisir avec les palmiers.

L'auteur :
Halina Heitz, rédactrice au magazine de jardinage allemand *Mein schiener garten*, elle est responsable de la rubrique jardin d'hiver.

L'auteur et l'éditeur remercient l'administration du palmarium de Francfort pour leur avoir accordé l'autorisation d'effectuer des prises de vues. Ils remercient également Andreas Riedmiller et les autres photographes pour leurs remarquables photos de palmiers, ainsi que Ushie Dorner pour les illustrations.

Remarque importante :
Cet ouvrage indique les soins à donner aux palmiers d'intérieur, de balcons ou de terrasses.
Certaines espèces épineuses peuvent provoquer des blessures. Dans la partie descriptive de l'ouvrage (pages 42 à 59), ce risque est mentionné dans la rubrique : "Attention ! ".
Ces plantes doivent être placées hors de la portée des enfants et des animaux domestiques. Si ce n'est pas possible, il est préférable que vous renonciez à ces espèces.

Un magnifique palmier dattier et une abondance de géraniums en fleurs confèrent un aspect exotique à l'entrée de la maison. ▷

Ce que vous devez savoir sur les palmiers

Avant d'acquérir une espèce, vous devez en connaître le pays d'origine, l'aspect et les conditions de croissance. De plus, saviez-vous que les palmiers comptent parmi les plantes les plus utiles, et que leur histoire est liée aux constructions des serres géantes dans les grandes villes d'Europe ?

Origine des palmiers

Plus de 3 000 genres et de 200 espèces appartiennent à la famille du palmier (*Palmæ* ou *Arecaceæ* en latin, francisés en Palmacées ou Arécacées). Ils poussent dans les régions tropicales et subtropicales. Un petit nombre d'entre eux croît également dans les régions méditerranéennes.
La plupart des espèces sont originaires de l'Amazonie et de l'archipel indo-malais. On rencontre les palmiers, aussi bien dans le sous-bois de la forêt tropicale humide, que sur les massifs montagneux jusqu'à 3 000 m d'altitude. Ils sont chez eux dans les savanes, les steppes, les déserts et sur les bords de mer. Très peu de palmiers supportent le gel, quelques espèces résistent à des températures de 5 °C, mais la plupart préfèrent surtout l'air chaud et humide.

Aspect des palmiers

Le botaniste Linné baptisa ces arbres "Principes", c'est-à-dire "princes", parce qu'ils s'élancent avec l'âge de plus en plus majestueusement vers le ciel. Sous cette dénomination, ils occupent le premier rang dans la classification botanique, car ils comptent parmi les plantes les plus évoluées du règne végétal.

Particularités : monocotylédone
Plantez quelques graines de palmiers (voir page 36). Après la germination, vous observerez qu'une seule et unique feuille se développe, et non pas une paire, comme c'est le cas avec les salades, les haricots ou même les hêtres.
Les palmiers sont des monocotylédones. A une époque reculée, ce groupe de plantes s'est séparé des dicotylédones pour se développer indépendamment. On retrouve aujourd'hui de nombreuses plantes intéressantes parmi les monocotylédones. C'est le cas notamment des orchidées, graminées, et de la plupart des fleurs à bulbes.

Les palmes : pennées ou digitées
Les palmes se développent en formant une sorte de pousse à leur point de bourgeonnement. A l'intérieur se dissimule la feuille, serrée sur elle-même et comme collée. Lorsque la pousse a atteint une certaine longueur, elle s'ouvre lentement. Chez le ***Howea*** (kentia, voir page 49) cela demande fréquemment deux à trois semaines. Durant le développement de la feuille, des fils et des restes de cellules végétales pendent souvent ; il ne faut pas les couper.
On distingue deux formes principales de palmes : pennées et digitées.
Les palmes pennées présentent des feuilles isolées, souvent allongées et minces, lancéolées ou de forme allongée, disposées de part et d'autre de l'axe de la feuille. Cette feuille a une forme ovale et allongée, elle est appelée "palme" en langage courant. La taille de ces feuilles est très variable. Les feuilles du *Chamædorea* (palmier de montagne, voir page 45) ne mesurent que quelques décimètres,

Palme pennée
Ses fins découpages lui confèrent un aspect gracile. Sa structure lui permet de laisser passer le maximum de lumière, même dans les plus sombres forêts vierges.

celles du *Raphia tædigera* atteignent 9 à 22 m de long pour 12 cm de large.
Les palmes digitées sont presque rondes. Chaque palme est plus ou moins divisée et son bord est découpé irrégulièrement en profondeur.

Le tronc ou stipe

A l'exception du doumier (*Hyphæne*) dont le tronc forme des ramifications, tous les palmiers présentent un tronc simple, terminé par un bouquet de feuilles. Certains ont un tronc massif, d'autres ne développent un stipe allongé qu'avec les années. Bien que les palmiers ressemblent à des arbres, leur croissance n'a rien à voir avec celle des arbres de nos latitudes. Alors que les chênes et les tilleuls s'épaississent d'année en année et que leur tronc forme des anneaux, le diamètre du tronc du palmier est défini dès les premiers temps de sa croissance. Il s'élève en hauteur à partir d'une surface de base à la manière d'une colonne. C'est dû au système de croissance de la pousse principale. Après la germination, cette pousse ne gagne pas seulement en hauteur, mais également et surtout en largeur, en formant du tissu végétal en abondance. Ainsi se développe le stipe, qui selon l'espèce est mince ou épais et qui a un aspect toujours différent : tantôt lisse, tantôt rugueux, ramifié ou non, noueux ou hérissé d'épines, couvert de fils ou de moignons de feuilles, veiné de jaune d'or vert, gris ou bleu. Le *Cyrtostachys renda*, étonne par le rouge de ses tiges et de ses nervures centrales (photo page 17).
Il est normal que les feuilles les plus basses des palmiers se dessèchent

Les palmiers dans la maison s'harmonisent avec tous les styles, surtout contemporains.

et tombent, lors de la croissance du tronc. Une exception : les palmes du *Washingtonia robusta* (voir page 57) ne tombent pas d'elles-mêmes, mais s'affaissent vers le bas, composant une sorte d'enveloppe à la base des feuilles vivantes.

Les fleurs odorantes

Les fleurs des palmiers se présentent d'abord sous la forme d'épis fermés dans la frondaison sommitale, ou sur le côté du tronc, sous les palmes. Lorsque les épis s'ouvrent, ces fleurs, la plupart du temps blanc crème, exhalent une odeur plus ou moins forte, sans doute destinée à attirer les insectes. Les fleurs sont soit hermaphrodites, soit mâles ou femelles. Les fleurs mâles ou femelles se trouvent souvent sur des arbres différents, comme c'est le cas pour le *Phœnix dactylifera* (palmier dattier, voir page 52). La plante est alors dite dioïque. Elles sont parfois portées sur le même arbre, au début ou à l'extrémité de l'inflorescence, sur le *Cocos nucifera*, par exemple (voir page 48, cocotier). Vous pouvez découvrir en page 11, les possibilités et les dates de floraison des palmiers en appartement.

Graines étranges et fruits colorés

La plupart des semences de palmiers ressemblent à des grains de café, d'autres sont pourvues de trois trous, quelques-unes sont couvertes de fibres, d'autres lisses et polies.Certaines ont la dureté de l'os, d'autres le mœlleux de l'ouate, quelques-unes sont légères comme des plumes, d'autres fort lourdes. Il

On dit dans les pays tropicaux que le cocotier est utile pour 999 choses.

en est des toutes rondes, des ovales, des brunes, des grises ou des noires. De nombreuses graines contiennent un albumen qui tiendra lieu de "nourrice" au germe (réussir la multiplication des palmiers, voir page 36), et qui est utilisé par l'homme pour fabriquer par exemple de l'huile alimentaire ou des cosmétiques.

Une plante utile

Aucun Européen ne peut imaginer à quel point les palmiers sont indispensables à la vie des habitants des régions tropicales et subtropicales. Nous bénéficions aussi quotidiennement de la richesse de ces plantes, par exemple lorsque nous nous asseyons sur des sièges en rotin, ou lorsque nous cuisinons avec de l'huile ou de la margarine.
Les deux plus anciennes plantes utiles à l'homme appartiennent à famille des palmiers : le *Cocos nucifera* (cocotier) et le *Phœnix* (palmier dattier).
La liste qui suit indique les différents usages de nombreuses sortes de palmiers :
- *fabrication d'huile :* palmier à huile, cocotier, parépon, acrocomia, arecastrum.
- *comestible et boisson alcoolisée :* cocotier, palmier dattier, caryota mitis, palmier à vin, palmier à sucre, borasse, aréquier.
- *sucre :* palmier à sucre, jubée, Caryota mitis.
- *fabrication de boutons, chapelets, cannes :* acrocomia, licuala, Caryota mitis.
- *aliments et boissons :* cocotier, doumier, palmier à miel, palmier dattier, parépon, euterpe, palmier à cire, nipa, borasse.
- *meubles et matériel de construction :* rotang, cocotier, palmier à cire, nipa, doumier, acrocomia, palmier dattier.
- *articles ménagers :* borasse, rotang, palmier dattier, Caryota mitis, cocotier, palmier moulin.
- *bougies et cosmétiques :* palmier à cire, palmier à huile.

Les pétioles épineux ne sont pas rares chez les palmiers.

Palmiers détenteurs de records

Le plus grand palmier : Ceroxylon quindiuense (palmier à cire) atteint 60 m de haut.
Le plus petit : Reinhardtia gracilis ne dépasse guère 50 cm.
Le plus riche en fleurs : Corypha umbraculifera et ses 100 000 fleurs.
Le plus long : Calamus dæmonorops peut ramper sur plus de 400 m.
Le plus utile : Cocos nucifera, cocotier.
Le plus résistant : Trachycarpus fortunei (palmier moulin), qui supporte jusqu'à - 25 °C.
Le plus riche en variétés : Calamus (rotang) avec ses 340 variétés.
Les plus grandes palmes : Raphia tædigera, dont les feuilles mesurent 20 m de long et 12 cm de large.
Le record de longévité : Lodoicea des Seychelles, 600 à 1000 ans.
La croissance la plus rapide : Calamus (rotang).
La croissance la plus lente : Jubæa (palmier à miel).
Les miracles de l'équilibre : Ceroxylon (palmier à cire) 60 m de haut et seulement 1 à 2 m de diamètre, *Erythea edulis*, 17 m de haut et seulement 40 cm de diamètre.
Les plus gros fruits : Lodoicea, palmier des Seychelles ou coco de mer, dont les fruits mesurent 40 cm de large et pèsent 30 kilos. On les appelle "coco-fesse", en raison de leur forme évocatrice.
En outre : la plus curieuse feuille de palmier du monde se trouve dans le jardin de palmiers de Francfort. Il s'agit d'une empreinte de feuille

vieille de 65 millions d'années, qui semble toute fraîche. Elle fut trouvée dans le Wyoming, aux Etats-Unis.

L'histoire des palmiers

Depuis l'aube de l'humanité, les palmiers ont joué un grand rôle dans les religions, les mythologies et les usages. Pour les quelques peuples restés encore près de la nature, le palmier est toujours l'arbre de la vie. Les plus anciennes représentations de palmiers sont probablement celles d'une coupe d'argent d'origine phénicienne (2 700 avant J.-C.) et celle d'un bas-relief hittite de Karatepe (vers 1 550 à 1 200 avant J.-C.). Les Assyriens maîtrisaient déjà la fécondation par pollinisation des palmiers et devaient avoir des plantations très productives. Cela est attesté par un bas-relief du palais d'Assur. (883 à 859 avant J.-C.).

Chez les Grecs et les Romains, les feuilles de palmiers symbolisaient la victoire et la force. Le philosophe grec Aristote célébrait la résistance du bois de palmier qui ne ployait pas, et son compatriote, le poète Homère, chanta leur croissance. Les Chrétiens considéraient les palmes comme un symbole de la paix, aux côtés des branches d'olivier, mais également comme le symbole du martyre, insensible à l'égarement. Les Juifs utilisaient les palmes comme parure, et les Musulmans pratiquants estiment que les dattes de Médine sont les meilleures du monde.

Les palmiers en Europe

La première représentation botanique de palmiers se trouve dans le *Hortus Indicus Malabaricus*, ouvrage en douze volumes d'un Hollandais, qui parut de 1678 à 1703. Vers la même époque, des botanistes qui avaient parcouru les mers, des aventuriers et des employés de grands comptoirs commerciaux rapportèrent les premiers specimens de palmiers dans les villes européennes. A partir de ce moment-là, les aristocrates voulurent tous posséder la plus belle collection de palmiers, et durent construire des serres chauffées pour ces trésors tropicaux.
La grande époque des palmiers et des serres commença au XIXe siècle, lorsque le chauffage central fut découvert. Dans les célèbres jardins de Conrad Loddiges, à Hachney près de Londres, l'acheteur avait déjà, dès 1830, le choix entre 150 à 170 sortes de palmiers ! Le palmier devint le symbole de la nostalgie des terres heureuses. Le professeur Martius, directeur du jardin botanique de Nymphenburg, écrivit alors avec enthousiasme à propos de ces plantes : "Les palmiers, nobles rejetons de la Terre et de Phébus, sont les habitants des terres heureuses des tropiques, où les rayons de leur père brillent en permanence". La serre de palmiers de l'île des Paons à Berlin doit sa naissance à la collection de palmiers du Français Foulchiron, et la serre de palmiers de Francfort remonte à la collection du duc de Nassau.
Après l'aristocratie, ce fut au tour de la grande bourgeoisie de se faire construire des jardins d'hiver, agrémentés de palmiers et d'autres plantes exotiques. Vers le tournant du siècle, à la Belle Epoque, un salon véritablement élégant ne pouvait se passer de palmiers. Vers 1900, le choix en palmiers était très riche. Puis cette plante ornementale fut moins recherchée. Aujourd'hui, nous vivons une nouvelle "ère" des jardins d'hiver privés, des maissons solaires, des vérandas vitrées, et les palmiers font une réapparition remarquée.

Aperçu d'une serre du palmarium de Francfort-sur-le-Main

Conseils pour l'achat

L'achat d'un palmier dépend avant tout de l'endroit où vous l'installerez. Une bonne sélection vous épargnera frais inutiles et déceptions. Il est impensable de vouloir placer des espèces qui ont besoin de place comme le *Phœnix*, palmier dattier, ou le *Washingtonia* dans un petit logement citadin, sur un balcon exigu ou un rebord de fenêtre. Il est également vain d'orner un jardin d'hiver non chauffé avec des palmiers tropicaux.

Tout dépend de l'emplacement

De nombreux palmiers sont de nos jours acclimatés dans de grands jardins et supportent ainsi des conditions de climat et de lumière moins favorables. Néanmoins, mieux vous répondrez aux besoins de votre palmier, et mieux il se sentira bien chez vous. Vous trouverez en pages 42 à 59, des indications précises sur les besoins et les soins de chaque espèce.

Conseils pratiques pour l'emplacement

Les terrasses ou les jardins exposés au sud connaissent en été, et à l'heure de midi en hiver, une température élevée que seules les espèces suivantes supportent : *Phœnix canariensis* (dattier des Canaries, voir page 52) *Phœnix dactylifera* (palmier dattier, voir page 52) *Washingtonia* (page 57) *Chamærops* (palmier nain, page 46).
Lors des hivers rigoureux, les jardins d'hiver non chauffés sont à peine épargnés par le gel. Les palmiers dont les noms suivent peuvent y être plantés : *Brahea*, *Chamærops* (palmier nain, voir page 46), *Trachycarpus* (palmier moulin, voir page 56).

Ce que vous pouvez attendre des palmiers

Les palmiers ne sont pas des plantes éphémères. De nombreuses variétés se distinguent par leur longévité, et peuvent être transmises à vos enfants et petits-enfants. Chez Gustave Debus, à Strasbourg, j'ai pu voir sans doute les plus anciens specimens que peut posséder un jardinier amateur. Ses palmiers chanvre en bac ont déjà connu plus de quarante étés, et ils sont presque aussi hauts que sa maison. Ils fleurissent chaque année, et eurent déjà les honneurs de la télévision.

Les palmiers qui peuvent vieillir chez vous

L'amateur aura davantage de facilités avec des espèces originaires de la Méditerranée et des régions subtropicales, telles :

- *Chamærops* (palmier nain, voir page 46) ;
- *Rhapis* (voir page 54) ;
- *Phœnix* (palmier dattier, voir page 52) ;
- *Trachycarpus* (palmier moulin, voir page 56) ;
- *Washingtonia* (palmier éventail, voir page 57).

Les palmiers des forêts humides et chaudes des tropiques, ou ceux qui ne peuvent se passer longtemps du climat marin, exigent des endroits adaptés. Nos hivers pauvres en lumière, et l'air sec des pièces chauffées ne leur conviennent pas.

Quelle taille peuvent-ils atteindre ?

Cela dépend de la variété et de la rapidité individuelle de croissance. Un bon emplacement, l'engrais qui convient et une terre appropriée peuvent accélérer la croissance. Heureusement, le volume limité de terre dans les pots ou les bacs limite la pousse. Néanmoins, les palmiers sont des arbres qui dans leur pays d'origine poussent à volonté. Il est déconseillé de les raccourcir. Mais les dimensions d'un palmier adulte ne posent pas de problèmes de place avant un certain délai. De plus, les palmiers devenus imposants trouvent en général un acquéreur (la cote des palmiers, voir page 15).

Pouvez-vous espérer qu'ils fleurissent ?

Cela dépend également de la variété, de la terre, de l'emplacement, de la luminosité annuelle qui influe sur la floraison.
Il est des palmiers qui fleurissent déjà au bout de 2 ou 3 ans, comme le *Chamædorea* (palmier de montagne, voir page 45), d'autres ont besoin de 30 années de maturité. Vous pouvez cependant être certain que si leur environnement leur convient, ils finissent tous par fleurir un jour.
La nature y pourvoit d'elle-même par instinct de conservation. Vous créerez vous-même cet

Ils se ressemblent à s'y méprendre
Les palmiers les plus connus pour les pièces fraîches sont difficiles à distinguer à première vue, qu'ils s'agissent des plantes jeunes ou adultes. A gauche : Chamærops humilis *(palmier nain). Au milieu :* Livistona australis. *A droite :* Trachycarpus fortunei *(palmier moulin).*

environnement favorable par un emplacement adapté et par vos soins attentifs.

Conseils pratiques d'achat

Où l'acheter : de nos jours, on trouve des palmiers dans les jardineries, les grandes surfaces, les magasins de plantes, chez les pépiniéristes et producteurs de plantes vertes, et même dans des magasins d'alimentation et par correspondance.
Si vous cherchez une espèce particulière (les palmiers à découvrir, page 15), vous devez vous adresser à un spécialiste. (adresses page 60).
Quand l'acheter : il est possible de les acheter tout au long de l'année. Evidemment, les ventes par correspondance des espèces sensibles au froid sont évitées en hiver et à l'automne. Achetez entre mai et septembre les palmiers destinés aux balcons et aux terrasses ; ils supportent mal un changement de lieu à l'automne et en hiver. Les palmiers d'intérieur peuvent être achetés à n'importe quel moment. En hiver, veillez à ce qu'ils ne soient pas exposés au gel. Enveloppez-les dans du papier journal, c'est le meilleur isolant.

Mon conseil : attachez les palmes des grands palmiers avant de les transporter, et placez le pot dans un sac en plastique. Fermez le sac, afin d'éviter que la terre ne se répande, si le pot se renverse.

Les prix : il est difficile d'évaluer le coût d'un palmier. Les prix dépendent de nombreux facteurs :
- de la rareté d'une espèce ;
- de la culture nécessaire, certains palmiers exigent du temps pour se développer ;
- de la taille, en l'occurence de l'âge ;
- du nombre de plantes dans le pot (taille des pieds) ;
- de la quantité de palmiers produite.

Comment reconnaître un palmier sain ?

- A sa taille, à la disposition harmonieuse des palmes.
- Au feuillage dépourvu de taches, à l'aspect clair, vert foncé ou bleu vert, selon la variété.
- A une formation abondante des palmes.

Les risques de blessures : remarques importantes

Certains palmiers peuvent occasionner de graves blessures ! le *Chamærops* (palmier nain, voir page 46), le *Washingtonia* (voir page 57) et le *Livistona* (voir page 50) ont une tige couverte d'épines, assez redoutables. Certaines espèces tropicales comme les Calamus, Pigafetta, Salacca etc. sont extrêmement épineuses. Le rotin est aussi très redoutable.
Remarque : si vous avez des enfants ou si vous disposez de peu de place, renoncez aux palmiers très épineux. En tous les cas, dans l'appartement, sur le balcon ou la terrasse, veillez à les placer de manière à ce que personne ne puisse se blesser. Dans le jardin, ne plantez les palmiers épineux ni à proximité des endroits où les enfants jouent ni sur les lieux de passage.

Leur dénomination

Les palmiers ont plusieurs noms :
- le nom scientifique, reconnu internationalement et compris par tous les jardiniers et botanistes du monde ;
- le nom français, pas toujours très utilisé ;
- le nom populaire, courant, souvent fantaisiste ;
- le nom scientifique francisé, en général le plus commun.

De nombreux palmiers n'ont pas encore de noms français. Souvent les palmiers sont proposés dans le commerce sous des appellations anciennes : ainsi le *Chrysalidocarpus lutescens*, palmier d'arec, est toujours vendu sous le nom de *Areca lutescens*. Dans le langage des botanistes, le premier terme indique le genre , par exemple, *Chrysalidocarpus*. Le second terme désigne l'espèce : *lutescens*.
Dans la plupart des cas, l'amateur s'en tient au nom de genre. Pour les genres et les espèces qui sont encore dépourvus de noms français, on a recours au nom scientifique : par exemple, *Archontophœnix cunninghamiana*. Vous trouverez dans la partie consacrée aux soins (voir pages 42 à 59), tous les noms courants, lorsqu'ils existent, de chaque espèce décrite.

Les palmiers, souvenirs de vacances

Si vous rapportez des palmiers de vos vacances sous les tropiques, vous devez produire les certificats phytosanitaires remis par les pépiniéristes et producteurs de

Washingtonia
Il peut s'épanouir dans un jardin d'hiver ou un jardin du Midi.

plantes vertes étrangers. Sans quoi, vos plantes risquent de ne pas être acceptées à la frontière. Depuis 30 ans, il existe des accords internationaux sur la protection des plantes qui réglementent de manière stricte l'envoi et la circulation des végétaux, afin d'empêcher la diffusion des maladies et des parasites. C'est pourquoi les palmiers importés et proposés à l'achat en Europe sont contrôlés et donc sains. De leur côté, les graines ne sont soumises au contrôle phytosanitaire qu'à partir de 2 kg.

La cote des palmiers

Plus un palmier est grand et âgé, et plus sa valeur est élevée. Si vous devez vous défaire de votre plante par manque de place, vous n'êtes pas obligé de la donner. Passez une annonce dans le journal local ou dans un magazine spécialisé. Le plus souvent vous trouverez un amateur. Et si vous désirez vous-même acheter un palmier de grande taille, jetez un coup d'œil dans la presse.

Les palmiers à découvrir

Les jardiniers professionnels cherchent sans cesse de nouvelles variétés pour enrichir leur assortiment. Les palmiers suivants sont disponibles chez les spécialistes dont certains assurent la vente par correspondance (voir page 60).

Les palmiers de vérandas ou de jardins d'hiver peu chauffés

• *Veitcha merrillii*, palmier de serre froide de Floride.

◁ *Les fleurs du palmier moulin. Lorsque le* Trachycarpus *atteint un certain âge, il fleurit tous les ans.*

Le Rhopalostylis baueri *est originaire de la Nouvelle-Zélande.*

Soins, comme pour le *Livistona* (page 50).

• *Brahea armata* (*Erythea armata*), espèce qui pousse lentement, aux palmes presque rondes, gris bleu. Soins, comme pour le *Washingtonia* (voir page 57), supporte l'air sec.

• *Butia capitata* (palmier à vinaigre) au tronc épais, espèce de petite taille aux palmes bleu vert et arrondies. Soins, comme le *Washingtonia* (voir page 57).

• *Jubæa* (palmier à miel) espèce qui croît lentement, au tronc orné de motifs particuliers. Soins, comme pour le *Phœnix canariensis* (voir page 52).

• *Arecastrum romanzoffianum* (ou Cocos plumosa), possède des palmes pennées, disposées par touffes de cinq. A cultiver solitaire, dans les jardins d'hiver. Il doit être protégé du vent lorsqu'il se trouve en plein air.

Soins, comme pour le *Phœnix canariensis* (voir page 52).

• *Ptychosperma macarthurii.* Palmier de serre froide originaire de Nouvelle-Guinée. Pour les lieux ombragés et chauds. Soins, comme pour le *Howea* (voir page 49).

Les palmiers d'intérieur

• *Elæis guineensis* (palmier à huile), tiges velues et épineuses. Soins, comme le *Caryota* (voir page 44).

• *Licuala grandis* à grandes feuilles, espèce remarquable pour serres chaudes et humides ou pour les jardins d'hiver. Soins, comme pour le *Microcœlum*, mais il faut le placer en un lieu davantage éclairé (voir page 51).

• *Hyophorbe verschaffelti* (ou *Mascarena verschaffelti*) palmier penné tropical.

Soigner les palmiers, c'est facile

Soigner les palmiers est un jeu d'enfant si l'on connaît leurs besoins vitaux et quelques petits trucs. Il importe de laisser toute l'année à l'intérieur les espèces qui aiment la chaleur, tandis que les palmiers dits "de serre froide" se trouvent mieux d'être placés, à partir du mois de mai, au soleil, dans le jardin, sur la terrasse ou le balcon. Les palmiers n'ont qu'un point faible : la fragilité de leurs racines.

Les rempoter après l'achat ?

Il vaut mieux éviter. Les palmiers ne doivent être dépotés que lorsque c'est vraiment nécessaire (page 22). Camouflez le récipient souvent disgracieux qui abrite votre palmier par un joli cache-pot, jusqu'à ce que vous puissiez procéder au dépotage et au rempotage. L'emplacement et les soins que vous lui prodiguez vont influer sur la croissance et la beauté de votre palmier.

La lumière : source de vie

La lumière est vitale pour toutes les plantes, car elle permet le processus de la photosynthèse. Cette assimilation chlorophyllienne permet au végétal de fabriquer au sein de ses cellules le gaz carbonique et les hydrates de carbone, éléments à partir desquels il est constitué. Sans lumière, la croissance est impossible. Tous les palmiers préfèrent un lieu bien éclairé, mais abrité du plein soleil. Ces emplacements de choix sont rares dans la plupart des logements modernes. Sauf si vous êtes l'heureux propriétaire d'un jardin d'hiver, ou si vous habitez un immeuble aux grandes baies vitrées bien exposées.
L'amateur de palmiers peut se rassurer ; les places au soleil sont rares également dans la nature. Aussi de nombreux palmiers, au cours de leur évolution millénaire, ont dû s'adapter à une vie à l'ombre, et s'en trouvent fort bien.

Le besoin de lumière et l'emplacement approprié dans l'appartement

La liste suivante indique quelle intensité lumineuse est nécessaire aux différents palmiers, et à quel emplacement ce besoin est satisfait. Les indications sont données en lux : unité de mesure de la quantité de lumière (pour évaluer l'intensité, reportez-vous au tableau à droite).

Les palmiers qui supportent peu de lumière, (de 500 à 1 000 lux) :
- *Howea* (Kentia,voir page 49) ;
- *Rhapis* (voir page 54) ;
- *Chamædorea* (palmier de montagne, voir page 45).

Emplacements appropriés : fenêtres orientées au nord, proximité des fenêtres orientées à l'est, milieu de la pièce.

Les palmiers qui nécessitent une intensité lumineuse moyenne, de 1 000 à 2 000 lux :
- *Trachycarpus* (palmier moulin, voir page 56) ;
- *Phœnix rœbelenii* (palmier dattier nain, voir page 53) ;
- *Microcœlum* (voir page 51) ;
- *Archontophœnix cunninghamiana* (voir page 42).

Emplacements appropriés : fenêtres orientées à l'est et à l'ouest, 1 à 2 m des fenêtres au sud.

Les palmiers qui nécessitent une intensité lumineuse importante, de 2 000 à 3 000 lux :
- *Washingtonia* (voir page 57) ;
- *Phœnix canariensis* (palmier dattier des Canaries, voir page 52) Ⓢ ;
- *Chamærops* (voir page 46) Ⓢ ;
- *Cocos* (cocotier, voir page 48) ;
- *Livistona* (livistonie, voir page 50) ;
- *Areca* (voir page 43) ;
- *Caryota* (voir page 44).

Emplacements appropriés : fenêtres orientées au sud, au sud-ouest, fenêtres orientées à l'est et dépourvues de rideaux.

Important : les palmiers marqués d'un Ⓢ supportent un ensoleillement quotidien, même en été et à l'extérieur. Les autres doivent être protégés entre 11 et 16 heures par des stores ou des rideaux.

Note : plus le degré d'humidité de l'air est élevé et mieux le palmier peut supporter le soleil.

Comment évaluer l'intensité lumineuse ?

Un luxmètre vous permettra des mesures précises. Si vous savez utiliser un appareil-photo, vous pouvez obtenir des résultats satisfaisants avec la cellule incorporée. Vous pouvez aussi utiliser un posemètre manuel. Il suffit alors de glisser un invercône devant l'ouverture du photomètre, pour mesurer la lumière incidente. Réglez la sensibilité de mesure sur 18 DIN et la vitesse d'obturation sur 1/30 seconde. Les différentes ouvertures du diaphragme indiquent les quantités de lumière suivantes :

Ouverture du diaphragme	Quantité de lumière
	peut être obtenue dans l'appartement
1,4	360 lux
2,8	1 450 lux
4,0	2 900 lux
	peut être obtenue dans le jardin d'hiver
5,6	5 700 lux
8,0	11 500 lux
	peut être obtenue à l'extérieur
11,0	23 000 lux
16,0	45 000 lux
22,0	90 000 lux

La lumière artificielle permet d'utiliser tous les emplacements
Avec une installation appropriée, vous allez pouvoir placer les palmiers là où ils produisent le meilleur effet décoratif, même si cet endroit est trop sombre pour leurs conditions naturelles de culture. Les magasins spécialisés dans les articles de jardinage ou d'électricité proposent un choix étendu d'éclairages pour les plantes. Les lampes à mercure, à haute pression ont une belle ligne, et elles sont relativement simples à installer. La taille et la largeur de la plante, ou du groupe de plantes, déterminent à quelle hauteur accrocher une telle lampe. Normalement, une seule ampoule suffit à un palmier. Elle

<u>Cyrtostachys renda</u>
Le rouge des tiges de ce palmier, originaire d'Indonésie, tranche sur le fond vert des palmes.

doit être placée à 50 cm environ au-dessus de la plus haute feuille.

Mon conseil : allumez la lampe par les chaudes journées d'été, lorsque vous fermez stores et rideaux.

Arroser avec doigté

C'est à l'arrosage que l'on juge le bon jardinier dit, avec justesse, la sagesse populaire. Il n'y a certes pas de méthode universelle, mais une règle de base : il vaut mieux arroser moins que trop. Si vous arrosez insuffisamment, le palmier se ressaisit vite. Si vous mouillez trop, l'excès d'eau chasse l'oxygène de la terre, les petites radicelles étouffent et meurent.

Quand faut-il arroser ?

Vous devez tenir compte de quelques indices. Il est temps d'arroser lorsque :
- la terre est plus claire que d'habitude ;
- la terre semble sèche lorsque vous y enfoncez le doigt d'un bon centimètre, près du bord du pot ;

Un dispositif simple pour arroser
Un morceau de lainage plié pompe l'eau du récipient, quand cela est nécessaire.

- la motte se détache du bord du pot ;
- les palmes s'inclinent.

La bonne quantité d'eau

La quantité d'eau dépend de l'état de la motte et des facteurs environnants. Les arrosages timides ou trop fréquents sont à déconseiller. Les quantités d'eau trop faibles pénètrent insuffisament la terre, et des zones sèches se forment autour des racines fines. J'arrose toujours abondament mes palmiers, et je jette, une demi-heure après, l'eau qui s'est accumulée dans la soucoupe sous le pot.
S'il s'agit de palmiers qui apprécient uine forte humidité, je laisse un peu d'eau dans le sous-pot. C'est le cas pour :
- *Microcrœlum* (voir page 51) ;
- *Caryota* (voir page. 44) ;
- *Chrysalidocarpus* (palmier d'Arec, voir page 47).

Important : la plante ne doit pas se refroidir lorsque vous faites baigner le pot !
En hiver, je place toujours une plaque de polystyrène autour des contenants de mes palmiers placés dans des couloirs frais et clairs. En serre, une tablette chauffante ou un bac chauffé sont encore plus pratiques.
A noter : tous les palmiers des régions chaudes apprécient le chauffage par le sol !
Autres règles pour un bon arrosage : la quantité d'eau dépend d'autres facteurs également importants.
Vous devez arroser davantage :
- si l'air est sec et chaud ;
- si la luminosité et l'ensoleillement sont importants ;
- si le substrat est à base de terre franche ;
- s'il s'agit de palmiers de grande taille ;
- si les palmiers se trouvent dans des pots de terre cuite ;
- si la présence de nouvelles palmes indique que les palmiers croissent.

Vous devez arroser moins :
- si l'air est humide ;
- si la luminosité est réduite ;
- si les températures sont basses ;
- si l'emplacement est peu ensoleillé ;
- si le substrat est sableux ou à base de graviers ;
- si les palmiers sont placés dans des pots ou des bacs en matières synthétiques ;
- s'il s'agit de palmiers habitués à des périodes de sécheresse dans leur pays d'origine.

A noter : les débutants trouveront dans le commerce des indicateurs d'humidité, utiles sans doute, mais qui ne tiennent pas compte des caractéristiques particulières de la terre dans laquelle poussent les palmiers. Rien ne vaut le doigté et l'habitude.

Arroser par en haut ou par en bas ?

Arrosez les palmiers par le haut de préférence. Si vous les arrosez par le bas, l'eau et les sels nutritifs seront vite aspirés vers le haut. Les fines racines de la partie inférieure du pot ne seront pas nourries. De plus, les excédents de sels, qui proviennent de l'eau d'arrosage et des engrais, s'accumulent à la surface, ce qui est d'un effet inesthétique et ne convient pas au palmier. Si vous arrosez par le haut, l'eau et les sels nutritifs s'infiltrent peu à peu dans la terre, et les fines racines ont le temps de les absorber.
Important : ne versez jamais d'eau au centre, sur le “cœur” du palmier ! Si l'eau ne peut sécher rapidement à cet endroit, des moisissures risquent de s'y former. La croissance du palmier s'effectue par là, et vous risqueriez de détruire la plante.

Arroser le matin ou le soir ?

En été, cela a peu d'importance. En hiver, il vaut mieux arroser le matin, afin que le palmier ait absorbé l'eau avant le soir, au moment où le

L'arrosage en vacances

Introduisez dans la terre une mèche absorbante, par l'orifice situé sous le pot. Auparavant, extirpez du pot la plante dotée de racines solides. S'il s'agit de sujets sensibles à l'humidité, glissez la mèche dans une paille. Laissez pendre par-dessous la boucle de la mèche, étalez l'autre extrémité sur la surface de la terre, et recouvrez-la avec un peu de terre. Laissez pendre la boucle dans un récipient empli d'eau.

chauffage est ralenti. N'arrosez jamais à midi les palmiers exposés au soleil.

Le bain

Lorsque le palmier n'a pas été arrosé depuis longtemps, offrez-lui un bain. Pour cela, placez la plante dans un seau ou une baignoire, que vous remplissez d'eau jusqu'aux 3/4 de la hauteur du pot. Lorsqu'il ne se forme plus de bulles d'air, la motte a absorbé suffisamment d'eau.

L'eau d'arrosage

Elle doit toujours être tiède. L'eau de pluie propre - une rareté de nos jours - est préférable à l'eau du robinet, dure et calcaire.

Evaluer la dureté de l'eau du robinet

La dureté de l'eau indique sa teneur en sels minéraux. Elle est exprimée en degrés (°Th, degré français de dureté de l'eau). Si votre eau a une dureté supérieure à 15 °Th, il faut l'adoucir. Il existe une vieille règle de jardinier : si des marques de calcaire apparaissent après l'arrosage, l'eau a une dureté d'environ 10 °Th. Si un voile gris blanc se forme, sa dureté est encore plus élevée. De plus, une eau de faible teneur en sels, fait davantage mousser le savon qu'une eau plus dure.

Vous pouvez mesurer la dureté de l'eau à l'aide de petites baguettes ou d'indicateurs liquides (vous en trouverez dans les magasins d'articles pour animaux au rayon aquariophilie). Vous pouvez également téléphoner au service des eaux de votre commune.

Adoucir l'eau

Vous avez le choix entre différentes possibilités :

- des comprimés ou des liquides qui précipitent le calcaire et toutes les substances indésirables dans un délai d'environ six heures. Si vous versez ensuite l'eau avec précaution, le dépôt calcaire reste au fond ;
- faire bouillir l'eau permet d'éliminer le tartre. Mais l'eau n'est alors plus aussi riche en oxygène ;
- l'acide oxalique permet d'équilibrer le pH de l'eau, de même que quelques gouttes de jus de citron.

Important : les adoucisseurs d'eau à base de sel ne conviennent pas à l'eau d'arrosage des palmiers et plantes d'appartement.

De plus, une eau trop douce, en dessous de 5 °Th, est tout aussi nocive aux palmiers qu'aux humains.

L'arrosage pendant les vacances

Il existe plusieurs systèmes, qui fonctionnent tous sur le principe de la capillarité (reportez-vous aux illustrations de cette page).

Lorsque la motte est sèche, les tiges fibreuses, les morceaux d'étoffe, les mèches de coton, aspirent l'eau du réservoir auquel ils sont reliés. Plus ce réservoir est grand, et plus longtemps vous pouvez laisser vos plantes seules. Etudiez soigneusement les différents systèmes de réserve d'eau proposés dans les magasins spécialisés, et faites un essai avant le début des vacances, afin de déterminer si la réserve d'eau suffit à la durée prévue de vos congés. Un bac à réserve d'eau classique peut permettre une absence de trois semaines sans problème.

Mon conseil : j'ai été satisfait par un système à base de mèches absorbantes, et par un tapis de ces

Système d'irrigation.
Il vous faut : un bac de balcon sans orifices de drainage, une plaque imperméable, un tapis de mèches absorbantes. Un système pour plantes jeunes.

mèches en fibres de verre (reportez-vous aux illustrations de cette page).

L'humidité de l'air : un facteur de croissance

Bien qu'il ait fallu attendre l'invention du chauffage central pour bien conserver des palmiers à la maison, l'air chaud de nos appartements est souvent trop sec pour ces plantes. Cet air contient rarement plus de 40 % d'humidité, et même moins. Or les palmiers ont besoin d'au moins 60 %, voire même de 70 à 80 %. Même les palmiers des régions sèches et semi-désertiques préfèrent 50 à 60 % de taux d'humidité, ce qui est d'ailleurs excellent pour la santé des humains.

Qu'est-ce que l'humidité relative de l'air ?

On désigne ainsi ou sous le terme d'hygrométrie, le pourcentage de vapeur d'eau contenu dans l'air. 0 % correspond à la sécheresse absolue, 100 % équivaut à un brouillard humide. Une atmosphère agréable aux humains et aux animaux doit contenir 50 à 70 % d'humidité relative.

Importance de l'humidité de l'air

L'humidité de l'air est un élément important de la croissance, comme la chaleur et la lumière. Toutes les feuilles sont dotées d'une infinité de pores (les stomates), par lesquels leur limbe diffuse sans cesse de l'eau. Plus l'air est sec, et plus cette transpiration est importante. Lorsque l'on chauffe davantage, ou quand les plantes sont placées au soleil, les feuilles exsudent davantage d'eau. Cette eau évaporée doit être remplacée dans les tissus par l'intermédiaire des racines qui approvisionnent les feuilles et les pousses. Ce processus est souvent trop long chez les palmiers tropicaux, mal adaptés à

Amélioration du microclimat
Placez votre palmier dans un second pot plus large. Remplissez l'espace avec des billes d'argile expansée toujours humides.

l'air sec. Une sécheresse prolongée de l'air peut donc nuire à leur santé, et les rendre vulnérables aux parasites et aux maladies (page 31).

Comment augmenter l'humidité de l'air ?

Augmentez les surfaces d'évaporation :

- en plaçant à proximité de vos palmiers des plantes d'appartement à larges feuilles, qui laissent évaporer beaucoup d'eau ;
- en cultivant près des palmiers, des plantes palustres, qui sont sans cesse dans l'eau, comme le souchet *(Cyperus alternifolius)* ;
- avec une petite fontaine d'appartement dans la pièce ;
- placez sous le pot du palmier des soucoupes emplies d'argile expansée, de sable ou de gravier, humidifiés en permanence ;
- glissez le pot dans un autre pot (reportez-vous à l'illustration ci-dessus).

Mon conseil : pour vos jardins d'hiver et vos serres, faites l'acquisition d'un humidificateur d'atmosphère électrique adapté.

A quoi sert la brumisation ?

Quasiment à rien en ce qui concerne les espèces à peau épaisse. L'épiderme protège de l'évaporation et empêche que l'humidité s'échappe. Un gros tégument ne permet donc pas à l'humidité de pénétrer. Le palmier dattier par exemple, originaire des régions désertiques, ne transpire pas durant la journée. Il ferme ses pores dès le matin. Les palmes du cocotier, arbre sans cesse exposé à des vents desséchants, sont dotées d'un mécanisme de protection semblable. Les palmiers des forêts tropicales humides sont en revanche, habitués à une humidité permanente. Ils apprécient d'être brumisés quotidiennement.

Mon conseil : en été, sortez vos palmiers tropicaux sous une pluie tiède. Elle les revigorera !

Les palmiers supportent-ils l'air sec ?

Leur aspect vous indiquera s'ils supportent ou non le manque d'hygrométrie. Si leurs palmes sont souples et délicates, ils auront souvent besoin d'une plus forte humidité de l'air. Un palmier à palmes épaisses et dures s'accommode mieux d'un air plus sec. Les feuilles digitées, larges et en éventail, laissent en général passer davantage de vapeur d'eau que les palmes pennées et fines.

De l'engrais, mais modérément

Toutes les plantes en pot ou en bac ont besoin d'engrais. Les substances nutritives présentes dans la petite quantité de terre que contient leur récipient sont rapidement épuisées. Cela vaut également pour les palmiers. Ils ne sont, certes pas, de "grands consommateurs" à la manière des lauriers-roses ou des daturas, mais ils croissent plus rapidement s'ils reçoivent régulièrement de l'engrais. Choyés et rempotés dans des pots toujours plus grands, certains d'entre eux ont atteint le plafond de la pièce en quelques années. Que faire alors ? Les palmiers ne peuvent être taillés. Si vous préférez que vos palmiers oublient leur tendance naturelle à croître, soyez parcimonieux avec l'engrais ; aucun palmier n'en souffre.

L'engrais complet

De nombreux palmiers poussent naturellement dans un sol minéral, dans le sable, sur des roches serpentineuses (silicate de magnésium), sur des sols délavés à base de latérite (terre rouge des tropiques, enrichie d'alumine et d'oxyde de fer), et sur des rochers calcaires. Pour les palmiers en pot, un engrais minéral complet, en poudre ou liquide, convient parfaitement. Mais n'utilisez que le tiers des quantités indiquées sur le mode d'emploi, pour la quantité d'eau correspondante !

L'engrais organique

Les engrais organiques, tels les orties macérées, le sang desséché, la corne torréfiée, les copeaux de bois ou le guano ne nuisent pas aux palmiers. Mais vous devez tenir compte du fait que les substances organiques nutritives doivent d'abord être transformées par les plantes. Ce processus est plus long

Les palmiers méditerranéens apprécient d'être placés à l'extérieur dès la mi-mai.

dans un pot ou un bac. Aussi la plante ne reçoit-elle que tardivement les substances nourricières. Elle a besoin de nourriture surtout d'avril à août, au moment de la plus forte croissance.

L'infusion de prèle
A l'extérieur comme à l'intérieur, l'infusion de prèle a donné de bons résultats sur mes palmiers. Peut-être grâce à l'acide silicique soluble d'origine minérale qu'elle contient, et qui fortifie les tissus.
La préparation en est simple :
1 cuillerée à thé de tiges de prèle, versez dessus un demi-litre d'eau bouillante, laissez infuser 10 mn, filtrez. Laissez refroidir et mélangez avec de l'eau, en proportions égales. Vous pouvez recourir à un extrait tout prêt, mais il faut alors l'allonger avec de l'eau.

Quand devez-vous donner de l'engrais?
Une règle de base : limitez les apports à la période comprise entre mars et octobre, parce que la croissance de la plante commence avec l'augmentation de la luminosité, et que des substances nutritives sont alors nécessaires.
Mais si votre palmier reçoit suffisament de chaleur et de lumière en hiver, que ce soit grâce à un emplacement très clair dans le jardin d'hiver ou à un éclairage adapté, vous devez lui donner de l'engrais durant cette saison également (voir pages 42 à 59).

Dix règles d'or à propos de l'engrais

- Donnez de l'engrais plus souvent et en plus faible quantité, plutôt que rarement et en fortes proportions.
- Ne déposez jamais l'engrais sur une motte sèche ; vous brûleriez les racines.
- Ne mouillez pas les feuilles pendant que vous distribuez l'engrais.

Le "cœur" du palmier
Vue en coupe d'un "cœur" de jeune palmier penné. Au milieu, la masse végétale fragile d'où sortent les nouvelles pousses.

- Ne déposez jamais d'engrais sur le centre, le "cœur" du palmier (voir le schéma ci-dessus).
- En hiver, ne donnez de l'engrais que lorsque le palmier est placé dans un endroit clair et chaud.
- Attendez deux mois avant d'offrir de l'engrais aux palmiers achetés récemment ou fraîchement dépotés.
- Placez les bâtonnets d'engrais sur les bords du pot, afin d'éviter d'endommager la base des racines.
- Enfouissez dans la terre l'engrais retard et les granulés, lors du dépotage.
- Adaptez la fréquence de l'administration d'engrais au rythme de croissance de la plante.

Important : rincez le substrat au moins une fois par an avec des arrosages abondants. Laissez bien l'eau s'écouler par le trou de drainage.
Comment procéder : placez le palmier dans la baignoire. Versez très doucement de l'eau du robinet sur la motte - trois fois le volume de la motte au minimum, et même davantage. La terre est maintenant débarrassée des sels superflus et nocifs, et vous pouvez mettre de nouveau de l'engrais. Le printemps est le meilleur moment pour cette cure. Vous pouvez vous en dispenser si vous avez l'intention de rempoter.

Rempotage : ce que vous devez savoir

Les palmiers possèdent un système racinaire extrêmement fragile, surtout lorsqu'ils sont jeunes. Il ne faut donc les dépoter que lorsque cela s'avère nécessaire. Moins l'on procède à cette opération, et mieux la plante se porte.

Ce qui indique qu'un rempotage est nécessaire
Vous devez dépoter lorsque :
- la motte menace de faire éclater le pot ;
- les racines supérieures deviennent importantes ;
- la terre est encombrée de racines, et une spirale de chevelu se forme à la surface ;
- la terre exhale une odeur de moisissure ou de renfermé ;
- la terre est "acidifiée" par un excès d'engrais et d'eau dure ;
- les racines du palmier sont malades (voir page 31).

La bonne saison
La fin de l'hiver et le printemps constituent les meilleurs moments. Dans le Midi, on rempote des palmiers très âgés également en été, au milieu de la période de croissance. Mais il faut éviter de dépoter après fin juillet, pour que la plante ait le temps de former de nouvelles racines avant les froids.

La terre adéquate
Tous les palmiers croissent mieux dans un mélange de sable de rivière et de terre de jardin ou terre franche.

Cure de printemps
Grattez la couche supérieure de la terre et remplacez-la.

Ce mélange est constitué de 30 à 35 % de tourbe blonde, de 30 à 40 % de terre franche ou terre de jardin, et de 30 à 35 % de sable de rivière par trop fin. On ajoute souvent au substrat des billes de polystyrène expansé qui permette une bonne aération.
La terre de jardin ou terre franche augmente la stabilité de la plante (important pour les palmiers de grande taille). Elle est particulièrement nourrissante.
La tourbe blonde est riche en humus et neutralise la teneur en calcaire.
Le sable de rivière et le polystyrène améliorent l'aération et la capacité de réchauffement de la motte, ils évitent la formation d'humidité.

Autres substances végétales disponibles dans le commerce :
Certains substrats conviennent. Quelques-uns sont enrichis spécialement pour les palmiers :
- terreau de rempotage avec 1/4 de terre franche et 1/4 de sable de rivière ;
- terre à cactées avec 1/4 de terre franche en plus.

Mon conseil : je préfère utiliser dans la mesure du possible la bonne terre de jardin. Je la mélange en parts égales avec de la tourbe blanche et du sable de rivière, et j'y ajoute une poignée de polystyrène.

Les pots adéquats

Les racines sont très longues et exigent que le palmier soit planté dans des pots hauts et étroits. Malheureusement, il faut s'adresser à des firmes spécialisées pour les obtenir (adresses en page 60). Le nouveau pot doit être d'une à deux tailles supérieures à l'ancien (exception, les palmiers en bac).

Mon conseil : fournissez-vous en conteneurs destinés aux rosiers chez un horticulteur. Ils sont hauts et étroits, en matière synthétique de couleur noire, et conviennent très bien aux petits palmiers d'intérieur.

Terre cuite ou matière synthétique ?

Il est difficile de choisir. Les deux récipients présentent des avantages et des inconvénients.
Les pots de terre cuite sont perméables à l'air et à l'eau, ils sèchent plus vite et sont plus lourds. Lors du dépotage, la motte se détache difficilement des parois. Les pots de terre neufs doivent être lavés à grande eau avant leur utilisation.
Les pots en matière synthétique sont légers, et il n'est pas nécessaire d'arroser aussi fréquemment les plantes. Lors du dépotage, la motte se détache aisément. De plus, il ne se forme pas de dépôt de moisissure grise comme dans les pots de terre. En revanche, ils se réchauffent davantage au soleil que les pots de terre et manquent de stabilité pour les gros sujets.

Comment rempoter ?

Ayez sous la main tous les accessoires indispensables à l'opération : la terre, le nouveau pot, une baguette de bois, un couteau bien tranchant, le matériau pour la couche de drainage et l'arrosoir.
1re étape : détachez prudemment la motte des parois du pot. Si nécessaire, sacrifiez le pot plutôt que les racines saines. Si le récipient est en terre cuite, humidifiez la terre auparavant ; s'il est en matière synthétique, la motte se détache mieux à sec.
2e étape : débarrassez la motte des racines mortes et des morceaux de

Rempoter sans abîmer la plante

Tapotez le pot contre le bord de la table, jusqu'à ce que la motte se détache. Retirez délicatement la plante. Aérez le nœud de racines. Important : la couche de drainage placée dans le fond du nouveau pot empêche la formation d'une humidité stagnante qui peut être mortelle.

terre. Aérez prudemment les racines avec la baguette de bois. Vous pouvez raccourcir légèrement les racines trop longues.
Remarque : si par manque de place vous désirez replanter les palmiers dans leurs anciens pots, il faut, en vous servant d'un couteau affuté, diminuer la taille de la motte de 5 à 10 cm sur les côtés et de 1 à 2 cm au fond (schéma page 26). Trempez le couteau dans l'alcool pour le désinfecter. Vous pouvez aussi utiliser un greffoir.
3e étape : placez dans le nouveau pot une couche de fragments de polystyrène, de débris de pots de terre cuite, de billes d'argile expansée ou de gravier, pour le drainage (voir illustration page 23 en bas).
Recouvrez ce drainage de 1 à 5 cm de terre humide. Placez les plantes de telle manière que la base du tronc se trouve à 1,5 à 2 cm sous le bord supérieur du pot. Remplissez de terre fraîche tout autour. Complétez et tassez à l'aide de la baguette de bois, afin d'éliminer les espaces vides qui rendraient difficile la formation de racines. Tassez ensuite la terre avec les doigts. Le palmier ne doit pas être enterré plus profondément qu'il ne l'était dans l'ancien pot.
4e étape : arrosez aussitôt. Ensuite, ne donnez plus d'eau jusqu'à ce que la plante ait pris racine. Vous le constaterez à la formation de nouvelles pousses. Vaporisez de temps à autre. Placez le palmier à la chaleur, dans un endroit pas trop clair. Une tablette chauffante en serre aide à la formation de nouvelles racines.

Mon conseil : attachez ensemble les palmes épineuses de certains palmiers en les enveloppant dans un sac en plastique. Ainsi vous ne risquerez pas de vous blesser cruellement.

Les palmiers à la belle saison

Ne sortez pas les palmiers avant la mi-mai. Vous pouvez tenter de les mettre au jardin dès avril dans les lieux favorables, tels le Midi, les régions de vignobles, les cours intérieures ou les balcons protégés. A condition que le palmier appartienne à une espèce qui résiste au gel, qu'il soit un peu âgé, et que la température ne remonte pas, il peut hiverner aux environs de 5 °C. Sinon, il est nécessaire de l'acclimater. Dès que la température s'abaisse autour de 5 °C, placez-le pour quelques heures dans un endroit protégé. Sans quoi, la plante fragilisée risque un choc thermique. Les palmiers qui ont passé l'hiver à l'ombre doivent s'habituer peu à peu à la lumière.

Les palmiers en hiver

Dès que les premières gelées nocturnes menacent, il vaut mieux rentrer les palmiers. En hiver, un endroit clair et frais, d'une température entre 4 et 12 °C leur convient. Lorsque vous les rentrez, veillez à ce que la motte ne soit pas trop humide, et éliminez les feuilles sèches.
Si vous n'avez que peu d'emplacements clairs, vous pouvez installer certains palmiers à l'ombre pour l'hiver, par exemple dans les cages d'escalier, les garages, les greniers, les granges. Cela convient aux catégories suivantes :
- *Chamærops* (palmier nain, voir page 46) ;
- *Trachycarpus* (palmier moulin, voir page 56) ;
- *Phœnix canariensis* (dattier des Canaries, voir page 52).

Si les palmiers passent l'hiver à l'ombre, vous ne devez les arroser que si la motte semble se dessécher. Sinon, vérifiez une fois par mois son état et arrosez en cas de besoin.
Important : les jours au cours desquels il ne gèle pas, aérez généreusement l'endroit où se trouvent vos palmiers. L'air vicié favorise l'apparition de parasites et de maladies.

Passer l'hiver à l'extérieur ?
De nombreuses espèces supportent étonnamment bien des températures fort basses. On dit que le *Trachycarpus* (palmier moulin, voir page 56) peut supporter jusqu'à -15 °C. Placé à l'extérieur, dans un jardin ou un parc, il semble même résister à des froids encore plus rigoureux. Après l'hiver exceptionnellement rude de 1984/85, on a pensé abattre les *Trachycarpus* qui semblaient avoir été touchés par le gel.
Heureusement, les jardiniers sont des gens patients et une grande partie de ces palmiers a repoussé avec vigueur.
Les palmiers en bac ou en pot sont plus fragiles. Bien que certains puissent supporter jusqu'à -15 °C, il convient de les protéger, car la température durant nos hivers est trop variable et humide. Si le cœur du palmier est mouillé par une forte pluie, et s'il se produit ensuite une gelée nocturne, la plante risque de mourir. Pour protéger un palmier, des nattes, des tapis de paille ou des branches de sapin conviennent, car ces éléments laissent passer l'air.
Remarque : le *Chamærops* (palmier nain, page 46), très apprécié pour sa résistance au froid est plus fragile qu'on le croit. Il ne supporte un hiver dehors que dans les régions au climat doux.

Une atmosphère méridionale à votre porte ▷
Cette ambiance de vacances fait oublier les efforts faits pour transporter les bacs de l'intérieur à l'extérieur.

Soins esthétiques des palmiers

Nous désirons tous avoir un palmier élégant, aux palmes vertes et brillantes. Mais comment faire ?

- Nettoyez les palmes. La poussière n'est pas seulement désagréable à l'œil, elle entrave la respiration. Tous les quinze jours, passez une éponge ou un chiffon humide.
- Enlevez les pointes brunies des

Petite opération esthétique
Laissez toujours un mince bord brun lorsque vous coupez les pointes sèches.

palmes. Leur formation est normale chez la plupart des espèces.Cela s'explique par la jeune feuille collée dans son enveloppe avant de s'ouvrir. Il lui arrive souvent de se déchirer à l'épanouissement. Laissez toujours un petit bord brun lorsque vous découpez la pointe, sinon la partie sèche va s'étendre.

- Enlevez les palmes vieillies et sèches. Si vous ne les coupez pas régulièrement, un relief étrange et inesthétique peut se former sur le tronc au cours des années.

Remarque : les palmiers apprécient des vaporisations fréquentes avec une eau douce et à la température de la pièce. Mais de nombreuses espèces, surtout celles dont les palmes sont fines, réagissent mal aux vaporisations.

Palmiers et hydroculture

Des expériences récentes montrent que les palmiers se développent très bien en hydroculture (voir photo page 27).

Conditions : vous devez acquérir une plante qui a été produite avec cette technique et choisir un hydrosystème qui régularise parfaitement l'humidité. Vous trouverez dans le commerce des plantes saines dans de beaux récipients.

Les palmiers qui conviennent : ceux dont les racines poussent dans des endroits humides dans leur milieu d'origine semblent apprécier particulièrement l'hydroculture, comme le *Microcœlum* (voir page 51) et les *Areca* (voir page 43). Lors des expositions florales, on a pu constater que bien d'autres espèces prospèrent en hydroculture, par exemple le *Chamædorea elegans* (palmier de montagne, voir page. 45) et le *Howea* (kentia, voir page 49).

L'entretien : il est simple. Vérifiez le niveau d'eau, ajoutez-en si c'est nécessaire. Des engrais spécifiques sont employés (conformez-vous au mode d'emploi).

Passer de la culture en terre à l'hydroculture ?

Je vous le déconseille. Le système fragile des racines du palmier risque de ne pas supporter ce changement. De plus, le système racinaire développé en milieu aqueux est différent de celui que la plante émet dans la terre.

Comment procéder :

Réduire la taille de la motte
Les palmiers phoenix, à la différence des autres, ont des racines à la croissance exubérante. Vous pouvez avec un couteau tranchant, diminuer la taille de la motte chez les spécimens âgés et en bonne santé et conserver la plante dans son ancien bac.

- humidifiez abondamment la motte de la plante ;
- sortez la plante du pot ;
- brisez éventuellement le pot de terre ;
- enlevez la terre ;
- saisissez les racines à deux mains et plongez-les dans un seau d'eau tiède ;
- changez cette eau jusqu'à l'élimination des plus petites traces de terre ;
- coupez les parties mortes ou pourries des racines, et désinfectez avec une solution adaptée ;
- placez la plante dans un pot tapissé de billes d'argile expansée (le substrat de l'hydroculture) ;
- remplissez d'eau tiède et douce le récipient ou le réservoir ;
- placez les plantes dans un endroit clair, mais pas au soleil direct ;
- vérifiez le niveau d'eau ;
- veillez à ce que les racines soient

au chaud. Cela favorise la formation des racines ;

- ne mettez pas d'engrais avant quelques semaines. Mais vous pouvez installer immédiatement un échangeur d'ions.

Remarque : en hydroculture, vous pouvez placer vos palmiers dans des pots bien plus grands qu'en culture en terre. Vous pouvez y associer d'autres plantes, et créer des combinaisons très décoratives.

Les palmiers en substrat d'argile expansée

Les palmiers prospèrent bien dans le substrat d'argile expansée couleur terre. Ces morceaux d'argile soufflée absorbent très bien l'eau. Ils accumulent jusqu'à l'équivalent de la moitié de leurs poids en eau, et restituent ensuite régulièrement cette humidité à leur environnement.

La mise en place dans le substrat d'argile expansée

A la différence de l'hydroculture qui requiert un nettoyage complet des racines avant la mise en pot, ce substrat exige de conserver toute la motte. Le matériau employé a seulement une fonction de diffuseur d'eau, de dispensateur de chaleur et de drainage.

Avantage de ce système : vous pouvez placer les palmiers directement dans des cache-pot décoratifs. Utilisez des récipients plus grands, la surface d'évaporation augmente ; ce qui est excellent pour les palmiers qui apprécient l'air humide.

Comment procéder :

- mesurez la quantité d'argile expansée nécessaire, en plaçant l'ancien pot, avec la plante, dans le nouveau et en versant le substrat dans l'espace vacant. Faites tremper la quantité mesurée dans de l'eau tiède toute la nuit ;
- jetez l'eau et rincez le substrat ;
- remplissez environ un tiers du nouveau pot avec le substrat ;
- dépotez le palmier ; la motte doit rester intacte. Placez la plante en plein milieu du nouveau pot ;
- utilisez suffisamment d'argile pour que la motte soit bien recouverte.

Un Chrysalidocarpus lutescens, *dans un bac d'hydroculture.*

Substrat d'argile expansée et engrais

Ne donnez pas d'engrais le premier mois. Les minéraux contenus dans l'argile expansée suffisent. Vous pouvez ensuite utilisez un engrais retard. Selon la taille de la plante, 1 à 3 cuillerées à soupe sont à verser sur le substrat humide, pour que cet engrais en poudre fine s'infiltre entre la terre et le substrat.

Important : l'argile expansée ne doit pas entrer en contact avec les palmes et leurs tiges. Elles risquent de pourrir à cause de la forte humidité. En même temps, ces zones dégagées permettent de vérifier si la motte est assez humide. Attention, l'argile expansée incite à arroser trop tôt, dès que la couche supérieure prend une couleur claire.

Décorer avec des palmiers

Les palmiers créent en tous lieux une atmosphère particulière, en terre ou en hydroculture, en bonsai, en bac ou en récipient de céramique. C'est pourquoi les architectes d'intérieur et les décorateurs en raffolent. Les palmiers fournissent un arrière-plan évocateur aux films publicitaires, et font partie des accessoires de la télévision et du théâtre. Il existe d'ailleurs dans les grandes villes, des services de location de palmiers de grande taille.

Seul ou en groupe ?

Un palmier est-il plus beau en solitaire ou en compagnie d'autres plantes ? Tout dépend de la place dont vous disposez, de l'aspect de votre palmier et de vos goûts personnels.
A mon avis :

- les palmiers de grande taille ou à la silhouette étrange doivent être placés seuls ;
- les palmes finement découpées sont mises en valeur par un fond clair ;
- les palmes inclinées sont très décoratives sur des colonnes ou des présentoirs à fleurs de style rétro ;
- si vos pièces sont spacieuses, un groupe important de palmiers crée une atmosphère de "forêt tropicale". Mais il faut alors veiller à ce que la luminosité convienne à tous.

Remarque : si vous placez de grands palmiers ensemble dans un même pot, assurez-vous auparavant que le plancher est assez résistant. Consultez votre propriétaire ou le plan de construction. Eventuellement demandez conseil à un architecte.

Les plantes qui s'harmonisent avec les palmiers

Lorsque vous les regroupez ou les plantez ensemble, que ce soit dans un jardin d'hiver, près d'une fenêtre, sur une terrasse ou dans un jardin, il importe avant tout que les palmiers et leurs voisins aient les mêmes exigences. C'est la seule manière de faire vivre des plantes ensemble, et cela simplifie l'entretien.
Ne placez pas aux côtés des palmiers dans les jardins, les conifères, et les pervenches.
Vous pouvez associer les palmiers avec les plantes estivales, les cactées qui résistent au froid et autres plantes grasses qui constituent des réserves d'eau, ainsi que des plantes exotiques qui ne survivent pas à nos hivers. Quelques exemples :
Terrasse estivale avec : Phœnix (palmier dattier), *Chamærops* (palmier nain), *Trachycarpus* (palmier moulin), *Livistona* (livistonie).
Vous pouvez y ajouter les plantes suivantes : agaves, aloés, yuccas, bougainvillées, pélargoniums, hibiscus, myrte, pétunias, lantanas, dentelaires, héliotrope, anthémis.
Pièce jamais chauffée, mais pas trop froide, ou jardin d'hiver avec : Rhapis, *Chamærops* (palmier de montagne), *Howea* (kentia).
Vous pouvez y ajouter les plantes suivantes : azalées, camélias, bambous d'appartement, chrysanthèmes, asparagus, fuchsias, campanule isophylle, browallia, nierembergia.
Pièce de séjour claire et chaude avec : Howea (kentia), *Areca catechu* (aréquier), Cocos nucifera (cocotier).
Vous pouvez y ajouter : toutes les plantes vertes et à fleurs qui aiment la chaleur.
Pièce chaude et humide, jardin d'hiver, serre, bord de fenêtre avec : Microcœlum, *Areca catechu*, *Euterpe*, *Caryota*, *Phœnix rœbelenii*.
Vous pouvez y ajouter les plantes suivantes : bégonias, bromélias, fougères, marantas, orchidées tropicales, philodendrons, anthuriums et autres plantes exotiques.

Peut-on mettre d'autres plantes dans le pot d'un palmier ?

Oui, si l'ouverture du pot est assez large, et si les racines ne souffrent pas de la pose de cette "couverture" végétale, il est alors possible de placer dans le même pot un palmier et des plantes à

La compagnie des plantes exotiques convient au palmier dattier et au cocotier. ▷

croissance lente.
Avantage : la terre ne se dessèche pas si rapidement.
Inconvénient : l'aspect est un peu lourd.
Conviennent aux palmiers d'appartement : ficus rampant, maranta, scindapsus, helxine, fittonia, pilea, misère etc.
Conviennent aux palmiers en bac : lobélies, pétunias, impatiens etc.

Les pots, cache-pot et bacs décoratifs

Leur choix est bien sûr affaire de goût et dépend du style de votre intérieur. Personnellement, j'apprécie les surpots sobres, de couleur blanche en céramique, matières synthétiques ou en porcelaine. Un palmier solitaire peut également être mis en valeur dans un pot d'aluminium brillant ou dans une vasque chinoise. Les matériaux naturels comme le bois, l'osier, le rotin s'harmonisent avec tous les styles.

Mon conseil : pour les palmiers au poids élevé, qui doivent être déplacés à l'automne, je vous conseille les bacs légers en matière synthétique. Ils existent en un choix varié de formes et de couleurs, pour l'intérieur et l'extérieur. Beaucoup peuvent être munis de roulettes, bien pratiques.

Les combinaisons insolites

De nombreuses personnes apprécient les bonsaïs et les jardins miniatures. Les palmiers ne conviennent guère pour cela.

Les palmiers en bonsaï

Les techniques du bonsaï sont à l'opposé du système de croissance des palmiers. J'ai pourtant vu chez Rémy Samson (un spécialiste parisien des bonsaïs) et dans un centre de bonsaïs de Hanovre des spécimens étranges de Rhapis et de Cycas (zamier) en bonsaïs. Rémy Samson présente dans son ouvrage sur les bonsaïs, un zamier de Taïwan à la silhouette étonnante, âgé de 90 ans environ, haut de 70 cm. Mais il s'agit d'une cycadacée et non d'un palmier.
Le *Rhapis* (voir page 54) est particulièrement séduisant sous la forme d'un bonsaï. La plante produit des rejetons, et prend l'aspect d'un petit bosquet. Afin de limiter la croissance en longueur, la tige principale est raccourcie. Mais on ne peut le faire que lorsque des pousses secondaires sont visibles. Toutes les plantes citées -à la différence des espèces locales ou exotiques- ne sont pas travaillées par des liens. Si vous désirez approfondir la technique du bonsaï chez le palmier, nous vous conseillons de prendre quelques cours chez Rémy Samson à Châtenay Malabry.

Les palmiers dans les jardins miniatures

D'après mon expérience, les palmiers ne conviennent guère pour les jardins miniatures, les mini-serres, les terrariums. On peut à la rigueur y faire pousser des plantes jeunes ou des semis pendant un temps limité. L'air très humide de ces récipients peut être favorable aux plantes. Les espèces naines de palmiers, comme le *Microcœlum* (page 51), se sentent bien dans des serres fermées. Mais cet abri vitré doit mesurer au moins un mètre de haut, afin que le palmier puisse s'y déployer.

Les feuilles du Licuala grandis *atteignent un mètre de large.*

Parasites et maladies

Les palmiers comptent parmi les plantes d'appartement les plus robustes. Une grande négligence à leur égard ou un mauvais emplacement peuvent être les seules causes de maladies. Bien que les dégâts les plus graves se localisent dans les racines, ce sont les palmes qui montrent les premières les symptômes de mauvaise santé. Elles s'avachissent, deviennent collantes, se déforment, se décolorent, se dessèchent, deviennent rugueuses ou abritent des insectes indésirables. Vous devez alors intervenir.

Ce qui rend les palmiers malades

Depuis des années, je réponds aux questions que posent les lecteurs de mon magazine, à propos des plantes d'appartement. La plupart des lettres me sont adressées au printemps, à la fin de la saison hivernale plus sombre et au chauffage intense. Dans ces lettres se trouvent la plupart du temps des feuilles atteintes ou rongées, des fleurs qui n'ont pu éclore, et toutes sortes de vermines, attachées par du papier adhésif, ou contenues dans des boîtes d'allumettes ou des pochettes. Il est rare que je trouve des palmes dans le lot. C'est un indice de la robustesse de cette famille de plantes. Et pourtant, les maladies et les attaques de parasites ne sont pas entièrement inconnues des palmiers.
Les affections sont le plus souvent dues à des erreurs d'entretien qui affaiblissent les plantes et en font la proie des champignons et des parasites. Un rempotage, un changement d'emplacement, un choc climatique peuvent affecter les palmiers. Le propriétaire n'est la plupart du temps pas responsable de l'attaque des parasites ou des insectes. Ces atteintes viennent de l'extérieur, et même le palmier le mieux soigné peut en être victime.

Les erreurs d'entretien les plus courantes

- Lumière insuffisante et un emplacement trop chaud.
- Trop d'eau par une température trop basse.
- Eau insuffisante par une température trop élevée.
- Humidité de l'air trop faible.
- Courants d'air.
- Sol et rebord de fenêtre froids.
- Excès d'engrais, engrais insuffisamment dilué.
- Eau d'arrosage froide et dure.
- Le soleil direct, pour les palmiers qui préfèrent l'ombre.
- L'ombre, pour ceux qui préfèrent le soleil.

Comment reconnaître qu'un palmier est atteint ?

Les indices les plus marquants sont les changements dans la croissance, dans l'apparence des palmes et des racines. Souvent, la terre vous indique également que quelque chose ne va pas.

Ce que les racines révèlent

Si elles sont très abîmées, le palmier est privé de substances nourricières et peut difficilement être sauvé. Pour vérifier, sortez prudemment la motte sèche du pot. Les dégâts des racines sont indiqués par :

- un arrêt de la croissance et une taille réduite ;
- des colorations brunes au bout et au bord des feuilles ;
- une odeur de moisi ou de renfermé de la motte ;
- la chute des feuilles ;
- des racines colorées en brun et moisies ; les racines saines sont de couleur claire.

Les traitements possibles

- Chimiques par arrosage, pulvérisation ou saupoudrage d'insecticides et de fongicides, complétez d'une manière préventive avec des bâtonnets insecticides.
- Mécaniques en supprimant les parties atteintes ou malades et en ramassant les insectes.
- Ecologiques, par des infusions de plantes, une solution de savon et autres remèdes domestiques. Ces moyens ne sont malheureusement pas toujours efficaces. Reportez-vous à la page 35 pour les indications pratiques.

Les désordres physiologiques

Ils sont à l'origine de la plupart des maladies chez les palmiers. Les espèces originaires des régions tropicales sont particulièrement menacées, car nos hivers sont une saison difficile pour elles. La chaleur des pièces leur convient certes, mais l'air sec du chauffage et le manque de lumière peuvent perturber gravement leurs fonctions vitales. Il peut également arriver que les palmiers soient en excellente santé et que brutalement, pour des raisons inexplicables, ils tombent malades. On constate aussi, que des plantes semblables poussent mieux chez le voisin que chez vous. Ces différences sont impossibles à expliquer.

Croissance insuffisante, déformations

Causes : manque de lumière, terre humide par une température de l'air et du sol trop basse, plus rarement manque d'éléments nutritifs.

Brûlures solaires
Elles se produisent chez les palmiers d'appartement et d'extérieur lorsqu'ils sont exposés trop directement au soleil.

Traitement : trouvez un meilleur emplacement. Le rempotage est parfois utile. Mais la plupart du temps, la croissance des plantes est arrêtée, et elles conservent un aspect étriqué.

Brûlures solaires

Symptôme : couleur jaune claire des palmes, taches irrégulières, souvent de couleur rougeâtre.
Causes : en mai, lorsque les palmiers d'extérieur sont exposés sans transition au soleil agressif du printemps, ou quand un soleil vif brille sur des palmes humides, ou lorsqu'un palmier qui préfère l'ombre est placé devant une fenêtre exposée au sud.
Traitement : enlevez les feuilles abîmées. Changez l'emplacement des plantes. Placez les palmiers d'extérieur durant quinze jours dans un endroit moyennement ensoleillé, avant de les exposer de nouveau aux rayons du soleil.

Pustules

Symptôme : des boursouflures, des pustules apparaissent sur les deux faces de la palme. Plus tard, elles sèchent, brunisssent et forment des granulosités. Les premières pustules se présentent en général sur les pointes de la palme, et peuvent s'étendre en lui donnant un aspect moucheté.
Causes : lorsque les palmiers, sous l'effet d'un excès de chaleur, ou d'un excès d'humidité de l'air et du sol, sont stimulés à faire des pousses, mais contraints à une sorte de phase de repos par le manque de lumière ; ces boursouflures se forment, dues à l'excès d'eau.
Traitement : placez les plantes dans un lieu plus clair et plus sec, arrosez moins.

Dessèchement

Symptôme : les tissus morts des pointes et des bords prennent une couleur brune. Les racines se colorent d'abord en brun, puis pourrissent.
Causes : sécheresse des racines due à un emplacement trop chaud, trop ensoleillé et à l'air sec de la pièce.
Traitement : impossible de remédier aux dégâts importants. Si seulement quelques palmes sont sèches, coupez-les, et baignez tout de suite le palmier, jusqu'à ce qu'il semble aller mieux.

Les parasites

Il s'agit surtout d'insectes, de leurs larves et des acariens qui se nourrissent du suc ou qui attaquent les racines et les palmes. Ces ravageurs affaiblissent la plante et la mutilent tellement, qu'elle finit par périr, si rien n'est entrepris.

Pucerons

Le plus souvent, les palmiers sont attaqués par le *Myzus persicæ*. Les insectes, longs de 2 à 3 mm, de couleur verte et presque immobiles, sont installés en colonies denses sous les palmes ou sur les tiges.
Symptôme : des palmes collantes (formation de rosée mielleuse), des palmes enroulées, cloquées, ridées ou d'autres déformations.
Causes : courants d'air, fenêtres ouvertes au printemps, air trop sec des pièces en hiver.
Traitement :
1) Infusion de sureau (voir page 35).
2) Pulvérisations d'insecticides, de préférence à l'extérieur. produits à

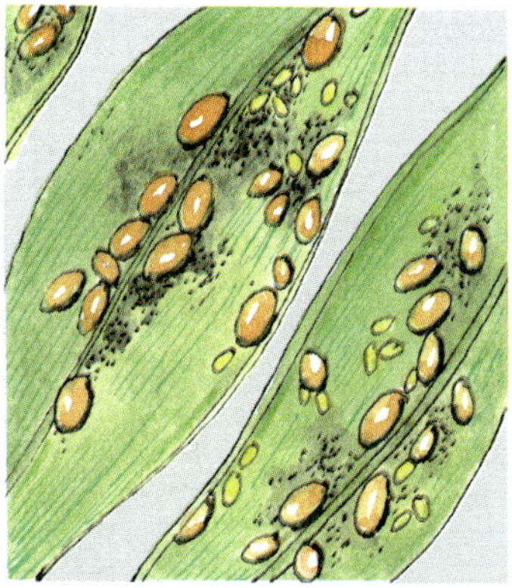

Cochenilles à carapace, kermès
La formation d'une rosée mielleuse doit vous alerter.

base de diméthoate.
3) Granulés insecticides systémiques à base de disulfoton.
4) A l'extérieur, en serres, tentez de recourir à des coccinelles. Le Jardin des Plantes de la ville de Caen (Calvados) en envoie gratuitement aux particuliers qui en font la demande.

Cochenilles à carapace, kermès

Les cochenilles à carapace sont dépourvues d'yeux, d'ailes, de pattes. Elles se cachent avec leurs œufs sous une couche cireuse dont la couleur varie du blanc-jaune au brun, et il est souvent trop tard lorsqu'on les découvre. Les larves sont si petites et rapides qu'elle passent inaperçues elles aussi.
Symptôme : formation de rosée mielleuse. Taches jaunes sur les palmes, chute des palmes.
Causes : air trop sec, trop chaud.
Traitement :
1) Disposez les plantes dans un lieu frais et humide. Si l'attaque est de peu d'importance, grattez la carapace avec l'ongle ou une allumette.
2) Tamponnez les carapaces avec une solution de savon ou de bière (voir page 35).
3) Traitez les plantes à palmes robustes. Vaporisez d'insecticide, avec prudence, les plantes à palmes fines. Seuls les insecticides huileux sont efficaces, mais ils sont mal supportés par les palmiers.

Cochenilles farineuses

Elles mesurent 2 à 3 mm de long, sont de couleur jaune ou blanche, dépourvues d'ailes, et colonisatrices. Elles s'installent de préférence au niveau du collet, sous les palmes, à la base des palmes.
Symptôme : des sécrétions de cire d'aspect cotonneux.
Causes : air trop sec et trop chaud.
Traitement : comme pour la cochenille à carapace.

Cochenilles farineuses :
Reconnaissables aux formations blanches, cotonneuses et fines.

Thrips

Le thrips de serre *(Heliothrips hæmorrhoidales)* attaque les palmiers. Cet insecte est long de 1 à 2 mm, brun noir et il possède deux paires d'ailes noires et blanches repliées sur le dos. La larve, à peine visible, se rencontre sous les feuilles.
Symptôme : aspect argenté des palmes, provoqué par l'air qui s'insère dans les piqûres rapprochées. Sous les palmes, des marques brunes, aux endroits où le suc fut aspiré, à côté des taches d'excréments noires et brillantes.
Causes : l'air sec dû au chauffage.
Traitement :
1) Placez le pot dans un sac en plastique, fermez le sac. Tenez la plante tête en bas, et douchez abondamment à l'eau tiède dans la baignoire. Répétez cette opération assez souvent.
2) Vaporisez un insecticide. Répandez du granulé systémique sur la terre, ou introduisez-y des bâtonnets insecticides.

Araignées rouges

Elles sont le cauchemar de tous les propriétaires de serres et de tous les amateurs de plantes d'appartement. Il en existe plusieurs variétés. Les palmiers sont en général attaqués par le tétranyque *(Tetranchyus urticæ)*.
Symptôme : toiles légères sous les palmes. Palmes tachetées de marques argentées, qui sèchent ensuite.
Causes : air sec et chaud.
Traitement :
1) Veillez à ce que l'air soit très humide (voir page 35, l'astuce du sac en plastique). Douchez la plante plusieurs fois par semaine.
2) Traitez avec des insecticides en aérosol ou en bâtonnets.
3) L'utilisation d'insectes utiles se pratique dans certains pays, pour les palmiers en serre ou en jardin d'hiver.

Mouches blanches, aleurodes

Ces ravageurs sont fréquents dans les appartements car ils affectionnent l'air chaud. Ces insectes blancs s'envolent dès qu'on les touche. Leurs larves laissent des écailles poudrées de blanc sur le dessous des palmes.
Symptôme : formation de rosée mielleuse, palmes abîmées.

Thrips
Malheureusement, les dégâts ne sont généralement visibles qu'après l'été.

Causes : air chaud et humide, vicié des jardins d'hiver, des serres, des bords de fenêtres.
Traitement :
1) Placez les plantes dans un lieu plus frais et plus aéré.
2) Traitez avec des insecticides en aérosols.
3) Accrochez des plaquettes jaunes (dans les magasins spécialisés).
4) Dans certains pays, il est possible de recourir à des insectes utiles pour combattre les mouches blanches, si les palmiers sont en serre ou en jardin d'hiver.

Mouches domestiques
Mouches de 4 à 7 mm de long, très importunes dans la maison. Les larves, transparentes et à tête noire, recherchent les terres riches en humus et terreau. Elles peuvent ronger les racines. Heureusement, elles attaquent rarement les palmiers.
Symptôme : dommages causés aux racines, surtout à celles des jeunes plantes.
Causes : contagion par d'autres plantes, ou introduction de l'extérieur.
Traitement : accrochez des bandes insecticides ou des plaquettes jaunes au voisinage des plantes.

Otiorrhynques
Aspect : gris tacheté, à la tête allongée, ils se tiennent durant la journée dissimulés, dans la terre autour de la plante. Ces insectes sont très prolifiques et peuvent causer de graves dégâts. Les larves ont une tête brune.
Symptôme : dépérissement brusque de la plante, racines endommagées. Morsures en demi-cercles sur les palmes. En appartement, ils attaquent rarement les palmiers, mais cela peut arriver à l'extérieur sur les terrasses.
Traitement : rassemblez les larves et les insectes la nuit, à l'aide d'une lampe de poche. Les insecticides

Otiorrhynques
Les morsures en forme de demi-cercle indiquent une attaque de ces insectes.

efficaces, utilisés dans les pépinières et par les producteurs de plantes vertes ne sont pas d'un usage domestique.
Dans certains pays, il est possible de recourir à des insectes utiles qui éliminent les otiorrhynques.

Les maladies dues à des champignons

La plupart des champignons apparaissent surtout quand la plante est fortement éprouvée par le froid, l'air trop sec, le manque de lumière, les brûlures solaires ou la carence en éléments nutritifs. Ils s'installent souvent à l'endroit où des parasites ont déjà attaqué la plante.

Les taches foliaires
Symptôme : taches de tailles variées, irrégulières et éparpillées, de couleur jaunâtre, brune, ou rougeâtre, réparties sur toute la feuille
Causes : infection
Traitement : attention aux erreurs d'entretien ! Enlevez les parties malades et jetez-les à la poubelle, surtout pas sur le tas de compost ! Complétez par des pulvérisations d'un fongicide à spectre large.

Sclerotium
Symptôme : les plantes attaquées ont un aspect vert pâle, se fanent et sèchent. On observe des granulations sur les parties malades.
Causes : les palmiers peuvent être contaminés par la présence proche d'un ***stephanotis*** (jasmin de Madagascar), qui est souvent attaqué par ce champignon.
Traitement : coupez les parties malades. Arrosez les plantes d'une infusion d'ail (page 35). Si l'atteinte est importante, la plante ne peut être sauvée. Peu de fongicides sont efficaces.

Graphiola phœnicis
Symptôme : des verrues, des durillons noirs et durs, contiennent des spores clairs. La feuille jaunit et finit par mourir.

Graphiola phœnicis
Ce champignon spécifique aux palmiers se manifeste peu à la maison ou au jardin. L'attaque est favorisée par une trop forte humidité de l'air ou du sol.

Causes : la plante peut déjà avoir été en contact avec le champignon, *Graphiola p hœnicis*, à l'achat.
Traitement : enlevez la palme atteinte. Vaporisez un fongicide.

Insectes utiles dans le traitement des parasites

Ce traitement est fondé sur la lutte biologique qui oppose les insectes utiles aux insectes nuisibles. Dès que les insectes prédateurs, particulièrement voraces, ont dévoré tous les insectes nuisibles, ils meurent faute de nourriture. En Europe, des firmes élèvent des insectes destinés aux professionnels, afin de protéger les cultures. En France, le marché n'est pas organisé au niveau des particuliers. Certaines municipalités, celle de Caen par exemple, appliquent ces concepts dans leurs propres productions : serres, massifs. Les excédents éventuels d'insectes (coccinelles) sont distribués sur demande à la population locale. La difficulté consiste à contrôler efficacement l'action des insectes prédateurs.

Traitements à préparer soi-même

Décoction de sureau contre les pucerons

300 g de feuilles de sureau à faire bouillir dans 300 ml d'eau. Filtrez et faites dissoudre 1/2 cuillère à café de savon noir. Pulvérisez les plantes par trois fois, à huit jours d'intervalle.

Infusion d'ail contre les cochenilles à carapace et les cochenilles farineuses

Pressez une gousse d'ail, faites-la bouillir dans 1 l d'eau. Laissez refroidir, et vaporisez les plantes avec ce liquide une fois par semaine. Vous pouvez l'employer à titre préventif. L'ail a une action fongicide et antibactérienne, même dans une solution ; la médecine connaît d'ailleurs cette propriété.

Solution de savon et d'alcool à brûler contre les cochenilles à carapace et les cochenilles farineuses

Faites dissoudre 1 cuillère à soupe de savon noir dans de l'eau chaude. Ajoutez exactement 1 l d'eau et 1 cuillère à soupe d'alcool à brûler. Plongez un pinceau dans cette solution, et appliquez-le sur les cochenilles ou sur les formations floconneuses. Ou vaporisez toute la plante. N'oubliez pas le dessous des palmes ! Les plantes à palmes fines doivent être rincées à l'eau claire après 15 mn d'application, afin d'éviter les risques de brûlures.
Attention : ne fumez pas durant cette opération !

Solution nicotinée contre les pucerons

Laissez tremper une cigarette dans un demi-litre d'eau durant toute la nuit. Passez, ajoutez une cuillerée à café de savon noir et un peu d'alcool à brûler. Vaporisez la plante avec cette solution.
Précaution : la solution est assez dangereuse et inflammable, à cause de l'alcool à brûler. Utilisez-la immédiatement de préférence.

L'astuce du sac en plastique

La moins onéreuse, la plus pratique et la moins dangereuse des méthodes pour se débarrasser des araignées rouges consiste à recourir au "sauna". Commencez par bien arroser le palmier, jetez l'eau en excédent et placez la plante dans un sac en plastique transparent (dessin ci-contre). Fermez le sac et attendez deux ou trois jours. L'humidité de l'air est très agréable pour le palmier et fait périr les araignées rouges. Pour les palmiers de grande taille, vous pouvez utiliser les sacs dans lesquels sont enveloppés les vêtements qui viennent de chez le teinturier !

Pour se débarrasser des araignées rouges
Arrosez bien le palmier, jetez l'eau en excédent, et placez le palmier dans un sac en plastique transparent. La teneur en humidité de l'air augmente à l'intérieur du sac fermé, ce qui provoque la mort des araignées.

Pour plus de conseils

Si vous n'êtes pas certain de votre diagnostic, et si vous vous faites du souci pour un palmier précieux et âgé, vous pouvez vous adresser aux services agronomiques de votre région. Vous pouvez aussi écrire à un magazine de jardinage. Généralement, il vous est répondu dans la quinzaine, si vous avez joint une enveloppe timbrée à votre adresse.
Important : complétez votre courrier avec des morceaux de la plante et décrivez en détail comment le palmier est soigné, où il se trouve et quel âge il a.

Réussir la multiplication des palmiers

La plupart des espèces de palmiers se multiplient par leurs graines. Si vous les plantez vous-même, vous aurez l'occasion d'obtenir des specimens rares, qui ne peuvent être achetés nulle part. Mais les graines de palmiers sont en effet capricieuses. En général, une bonne germination dépend de la fraîcheur de la semence.

Les graines

Patience et goût de l'expérimentation sont les conditions requises pour une germination réussie et vous parvenez à mener à bien votre entreprise, vous pourrez vous vanter d'avoir la main verte !
Les graines de palmier conservent peu de temps leur force germinative, et le temps nécessaire à la levée est particulièrement long.
De plus, elles réagissent très différemment lors de la germination. Il peut donc arriver qu'une partie des graines, pourtant d'origine semblable, germe, et que le reste ne le fasse qu'un an plus tard.
Ne vous découragez pas trop vite, et ne vous irritez pas si toutes les graines ne germent pas. Cela vaut aussi pour beaucoup d'autres plantes d'ornement.

L'achat des graines

Plus une graine est fraîche, et plus elle a de chances de germer. De nombreux fournisseurs les vendent dans des sachets scellés, qui ne doivent être ouverts qu'au moment où les graines seront semées. Mais rien ne peut vous garantir la fraîcheur des semences. N'achetez vos graines que dans des boutiques qui en vendent beaucoup. Vous serez ainsi assuré qu'elles n'ont pas traîné longtemps et ne se sont pas desséchées. Vous pouvez également les commander par correspondance à des maisons spécialisées dans les semences exotiques. (voir les adresses page 60).
Vous pouvez planter directement les graines, sans préparation. Mais si elles sont très dures, vous devez auparavant les faire tremper dans de l'eau. (voir page 37).

Mon conseil : ne faites jamais de provisions de graines de palmiers. Semez-les le plus tôt possible après l'achat.

Celles rapportées de vacances

Si vous avez rapporté des fruits de palmiers de vos vacances, vous devez d'abord en extraire la semence. L'enveloppe extérieure contient quelquefois des substances qui peuvent entraver la germination. De plus, la chair du fruit moisirait ou pourrirait dans son enveloppe charnue. Laissez les fruits quelques jours dans de l'eau chaude, et brossez-les vigoureusement ensuite.
Vous pouvez également verser dessus de l'eau à 80°. Laissez reposer les fruits 24 heures et détachez ensuite la coque charnue extérieure. Il faut alors les semer immédiatement. La fraîcheur de ces semences offre bien sûr plus de chance de germination.

Récolter soi-même les graines ?

C'est quasiment impossible dans une collection de palmiers à la maison. La plupart des espèces ne dépassent pas le stade juvénile, lorsqu'elles sont cultivées en pots ou en bacs.

Les variétés pour débutants

Nous vous conseillons de commencer vos semis de palmiers avec les plantes suivantes :
- *Chamædorea* (palmier de montagne) ;
- *Chamærops* (palmier nain) ;
- *Phœnix* (palmier dattier) ;
- *Washingtonia* (palmier éventail) ;
- *Pritchardia* (entretien semblable à celui du cocotier) ;
- *Livistona* ;
- *Microcœlum* ;
- *Arecastrum romanzoffianum* (entretien semblable à celui du *Phœnix canariensis* et du *Sabal)*.

Les graines de ces espèces germent en général aisément.

Les variétés pour amateurs expérimentés

Si vous êtes habitué aux semis exotiques et si, de surcroit, vous possédez un coffre à semis

ou une serre chauffée dotée d'un dispositif de régulation de l'humidité de l'air, vous pouvez tenter de faire germer des espèces difficiles :
- *Licuala grandis* (entretien semblable à celui du *Microcœlum*);
- *Dictyosperma album* (entretien semblable à celui du *Chrysalidocarpus*) ;
- *Butia yatay* (entretien semblable à celui du *Washingtonia filifera*) ;
- *Roystonea regia* (entretien semblable à celui du *Cocos nucifera*) ;
- *Rhopalostylis sapida* (entretien semblable à celui du *Rhapis excelsa*) ;
- *Archontophœnix alexandræ* (entretien semblable à celui de *Archontophœnix cunninghamiana*)

Conseil : vous trouverez les données de culture dans les pages 42 à 57.

Comment réussir les semis ?

Le printemps est la meilleure saison

Les mois de février à mai sont les plus favorables, parce que la plante peut alors croître durant la saison la plus chaude et la plus lumineuse. Mais si les graines que vous comptez utiliser requièrent un temps de germination plus long, avancez d'autant l'opération de germination.

Fruits à maturité du Chamærops humilis *(palmier nain).*

Ce dont vous avez besoin

- Une terre adaptée.
- Du sable lavé, assez grossier.
- Une terrine à semis couverte, des pots individuels, ou un coffre à germination chauffé, ou une mini-serre chauffante.
- Des étiquettes pour identifier les graines.
- Des sacs de plastique.

Comment procéder :

Versez de l'eau sur les graines dures, laissez-les tremper de 24 à 48 heures. Ne faites pas tremper les graines molles, à enveloppe fibreuse !

Important : séparez les variétés pour le trempage, et indiquez leur nom sur des bandes adhésives car certaines graines sont difficiles à distinguer d'une espèce à l'autre.

- mélangez deux parts de terre avec une part de sable ;
- humidifiez bien la terre ;
- plantez les graines à une distance de 3 à 5 cm, selon leur taille ;
- recouvrez les graines de terre ;
- indiquez les noms sur les étiquettes ;
- fermez la terrine de semis, glissez les pots dans un sac en plastique que vous fermez.

Placez les récipients à l'ombre, ou recouvrez-les de papier journal. Tous les palmiers germent à l'ombre.

La mini serre chauffante aide à la germination, si vous ne disposez

Des pousses de palmiers, 6 mois environ après la germination.

pas d'un véritable coffre à multiplication ;
• aérez de temps à autre, afin que l'eau de condensation puisse s'éliminer. Sinon, des moisissures risquent de se former. Refermez immédiatement.
Semis en hydroculture : il est possible de faire germer des graines de palmiers en hydroculture. Remplacez la terre par de l'argile soufflée, et semez comme d'habitude.

L'indispensable durant les premières semaines

Il faut surtout que la température du sol soit maintenue constamment entre 25 et 30°, que la terre ne sèche jamais, mais qu'elle ne soit pas non plus détrempée.
Lorque les graines ont commencé à germer, vous devez veiller à ce qu'elles ne sèchent plus jamais, sinon le germe ne tarde pas à périr.

Les soins importants

• Vérifiez quotidiennement l'état des graines.
• Ajoutez de l'eau ou vaporisez la terre, si nécessaire.
• Placez les palmiers germés en un lieu aussi éclairé que possible, mais pas au soleil.
• Aérez souvent. Otez complètement les sacs qui recouvrent les pots dès que la germination s'est produite.

Repiquer et planter

Comment procéder :
• Remplissez les pots de substrat. Utilisez le mélange préconisé pour le rempotage (voir page 22), c'est-à-dire de la terre franche, mélangée à du sable et du terreau de tourbe. Ajoutez-y environ 1/4 de sable de rivière en plus, pour augmenter la perméabilité.
• Retirez doucement les petites plantes de la terre.
Important : la graine doit rester accrochée. Elle servira longtemps de nourriture au germe.
• Placez les plantes dans des pots de 12 cm de diamètre, à raison de trois jeunes pousses de palmiers dans un seul pot. Cela vous permet d'avoir tout de suite un beau pied.

Mon conseil : je sors tous mes jeunes palmiers dans le jardin, dès le mois de juin, dans un endroit ombragé et protégé du vent. En été, arrosez-les quotidiennement avec de l'eau que le soleil a réchauffée.

Obtenir des palmiers à partir de dattes sèches

Vous pouvez obtenir aisément des palmiers à partir des dattes sèches. Hieronymus Bock écrivait déjà, en 1577 : "...j'ai planté cette graine, elle a produit d'abord de minces petites feuilles de la longueur d'un doigt, semblables à une petite épée, je ne pus en obtenir davantage".
Peut-être parce que le célèbre médecin et botaniste strasbourgeois ignorait alors que la chaleur du sol et une forte humidité sont indispensables à la petite pousse.
Et comment les aurait-il produit en l'absence de toute installation? Aujourd'hui cela ne pose pas de problème. On obtient des dattes toute l'année. Cependant, c'est durant la période de Noël qu'elles sont les meilleures et les plus fraîches. Cette période est idéale pour semer.

Comment germe la noix de coco ?

Arrosez la noix de coco d'eau chaude. Posez-la dans une coupe remplie d'eau, que vous placez sur une tablette chauffante. Après germination, mettez-la en terre dans un pot.

Comment procéder :

- plantez le noyau dans des pots ou des coupes remplis pour moitié de terreau de semis et pour moitié de sable ;
- placez ces récipients dans un lieu chaud, et recouvrez-les d'une plaque de verre, ou d'un sac de plastique ;
- durée de la germination : environ 2 à 3 mois ;
- lorsque la pousse atteint la longueur d'un doigt, repiquez-la.

Mais vous pouvez également vous dispenser de l'opération délicate du repiquage, si les noyaux ont été plantés dans des pots individuels (précisions voir page 52, *Phœnix dactylifera*).

A propos des dattes

Le fruit du dattier est une baie de forme allongée, brun doré ou brun rouge, au noyau creusé de sillons. La pulpe contient 60 à 70 % de fructose, ainsi que des quantités importantes de soufre et de phosphore. Elle est recouverte d'une peau brillante.

On suppose que le Golfe persique est le pays d'origine du palmier dattier. La palmeraie d'Elche, près de Alicante est célèbre ; les Phéniciens y cultivaient déjà ces plantes dans l'Antiquité.

Aujourd'hui, le dattier bien connu des peuples du désert est cultivé partout où il peut pousser "les pieds dans l'eau et la tête au soleil" : en Algérie, au Maroc, en Egypte, en Irak, en Iran, en Arabie Saoudite, en Californie, au Texas, au Mexique, au Brésil, en Argentine, en Afrique du Sud, en Australie. D'innombrables variétés sont nées au fil des millénaires. Grossièrement, on distingue les dattes molles, demi-molles et sèches.

Récolter ses propres dattes ?

Bien que le palmier donne déjà des fruits au bout de six ou sept années, et qu'il puisse vivre très longtemps en bonne santé en serre ou en jardin d'hiver, il sera vain d'espérer des dattes, pour les raisons suivantes :

- les palmiers dattiers sont dioïques, c'est-à-dire que les fleurs mâles et les fleurs femelles se trouvent sur des pieds séparés ; une plante mâle et une plante femelle sont donc nécessaires ;
- les palmiers dattiers ont tous besoin d'une longue période de chaleur, avec une température constante de 30°, pour produire leurs fleurs et leurs fruits. Même les torrides étés que nous avons connus en 1976 ou en 1990 n'auraient pas suffi !

Comment faire germer une noix de coco ?

L'offre de noix de coco est abondante surtout durant les mois d'hiver. Si vous avez la possibilité de maintenir cette énorme graine dans une constante humidité chaude, elle germera aisément. J'ai souvent constaté que les noix aux yeux marron clair germent mieux que les autres.

La noix de coco possède en effet trois de ces yeux, le minuscule germe sortira par une de ces ouvertures. La nature aide ainsi à la germination, sinon comment percerait-il la coque extrêmement dure ? La graine du cocotier a d'autres astuces : le lait et la

Multiplication par drageonnage

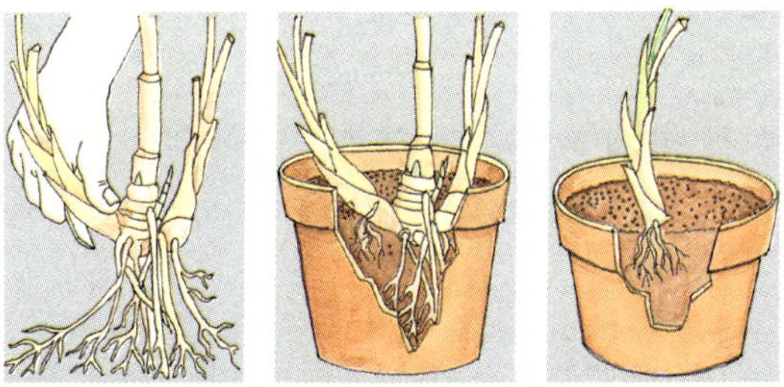

Entaillez les rejetons, sans les couper. Laissez-les sur la plante jusqu'à la formation des racines. Détachez-les ensuite et placez chaque nouvelle plante dans un pot.

pulpe de coco, que nous dégustons volontiers, nourrissent le germe durant deux à trois années.
Bien sûr, vous avez déjà remarqué que la noix des cocotiers d'appartement est complètement différente de celle des magasins d'alimentation : elle est plus grosse et possède une écorce extérieure lisse. Le fruit est encore intact, a les dimensions d'une tête d'enfant, demande douze mois pour mûrir. Il se compose de la partie intérieure (endocarpe), de la partie intermédiaire fibreuse et riche en tissu végétal (mésocarpe), et de la partie extérieure (exocarpe). Les noix du commerce ont été épluchées et n'ont plus ces parties.
Dans leur pays d'origine et avant d'être chargées à bord des bateaux, les noix de coco à cultiver sont souvent traitées par des hormones destinées à favoriser la germination. Cette hormone est injectée dans les trois marques brunes et rend la coquille molle et imperméable. On peut les faire germer dès leur arrivée.

Mon conseil : la germination des noix épluchées est plus aisée pour les jardiniers amateurs.

Cultiver des noix de coco
Il existe pour faire germer les noix de coco quatre méthodes valables :
Méthode 1 : enlevez les fibres qui adhèrent à la noix, afin qu'elles ne puissent baigner dans l'eau. (Ces fibres en effet agissent à la manière d'une bouée de sauvetage et permettent à la noix de coco de flotter sur des kilomètres en mer).
Arrosez la noix d'eau chaude (60 à 80°). Posez-la à plat dans une vasque de manière à ce qu'elle trempe à moitié dans l'eau. Placez la vasque sur une tablette chauffante ou la plaque de protection d'un radiateur. Au bout de quatre à huit semaines, le germe doit commencer à percer par l'une des trois marques brunes.
Méthode 2 : posez la noix sur un grand pot de fleur rempli de sable humide ou de terre de jardin. Veillez à ce que le dessous du pot soit chaud. Durée de la germination : huit semaines environ.
Méthode 3 : posez la noix dans un récipient et recouvrez-la au trois-quart d'eau chaude. Glissez en dessous une tablette chauffante ou placez le récipient dans une pièce chauffée.
Méthode 4 : versez un mélange de sable, de terre et de tourbe blonde dans un grand récipient. Placez-y les noix de manière à ce que un tiers de leur coquille sorte du substrat. Humidifiez abondamment et recouvrez d'une plaque de verre. Maintenez à humidité constante et dans un endroit très chaud. Durée de la germination : deux à trois mois.
Conseil pour les amateurs d'hydroculture :
Les noix que l'on fait germer dans l'eau (méthodes 1 et 3) peuvent être placées immédiatement dans de l'argile expansée, dès que feuilles et racines apparaissent (autres conseils particuliers *Cocos nucifera* voir page 48).

Ce qui se produit dans la noix
Humidité et chaleur du sol constantes incitent le germe à sortir. Dès qu'il a percé, il forme d'abord une racine vers le bas et ensuite une palme vers le haut. A l'intérieur, l'unique cotylédon augmente de volume et devient un organe aspireur, à l'aide duquel le palmier naissant se nourrit

Drageonnage

La multiplication par drageonnage est possible avec toutes les espèces qui forment des drageons, sortes de rejetons qui naissent à la racine, comme par exemple :
- *Caryota* (voir page 44) ;
- *Chamærops* (palmier nain voir page 46) ;
- *Chrysalidocarpus* (voir page 47) ;
- *Rhapis* (voir page 54) ;
- *Calamus.*

Comme les palmiers, surtout au stade juvénile, ont des racines très fragiles, je ne conseillerais ce moyen de multiplication que pour les spécimens résistants, plus âgés et totalement sains.

Marcottage aérien

Les palmiers ne tolèrent pas ce moyen de multiplication, répandu pour les caoutchoucs, et les autres plantes d'appartement. Le *Chamædorea* (palmier de montagne p. 45) est la seule exeption à cette règle : il possède un espace internodal, et il forme des racines aériennes, le plus souvent lorsque le tronc produit des pousses. Vous pouvez envelopper ces racines aériennes de terre humide et les détacher ensuite.
Inconvénient : Il faut sacrifier une pousse, ce qui modifie tout l'aspect du palmier.

Mon conseil : le *Chamædorea* (palmier de montagne) germe très facilement. Pourquoi ne pas essayer de le faire pousser à partir de graines ?

Cocotier. La noix de coco, telle que nous la connaissons, se dissimule sous la coquille dorée des fruits. ▷

18 variétés appréciées

Et indications précises sur : emplacement, eau, terre, engrais, multiplication, maladies, parasites.

Archontophœnix cunninghamiana

Les jeunes plantes offertes à la vente ne laissent pas deviner la plupart du temps que leurs palmes s'épanouiront en un beau palmier très gracieux. Cette plante, qui atteint souvent 18 à 22 m de haut dans sa patrie australienne, est également connue sous ses anciens noms de *Seaforthia elegans* ou de *Ptychosperma.*
Aujourd'hui elle est appelée *Archontophœnix cunninghamiana* en l'honneur du botaniste Allan Cunningham, qui l'introduisit en Europe vers la moitié du XIXe siècle.
Avec un peu de chance, vous apercevrez dans les jardins botaniques la plante adulte avec ses magnifiques fleurs bleu lavande, qui donnent ensuite des baies rouges.
Archontophœnix - son nom vient du grec "archon, maître", et du nom du palmier phœnix ; il ne doit pas être confondu avec l'*Acanthophœnix*, une espèce moins connue, originaire de l'Ile Maurice. L'espèce australienne est appréciée comme plante décorative de jardin d'hiver; elle est aujourd'hui importée de Hollande en grandes quantités.
Origine : l'ouest de l'Australie.
Où le placer : un endroit clair, mais pas au soleil. Pas moins de 10 °C en hiver. Supporte mal l'air sec du chauffage. A partir de l'automne, placez-le dans une cage d'escalier claire ou dans un jardin d'hiver.
Eau : veillez à une humidité régulière, mais évitez la formation de poches de saturation. Vaporisez souvent.
Terre : terre franche siliceuse ou mélange pour palmiers.
Engrais : en faible quantité d'avril à août.
Rempotage : seulement si c'est nécessaire.
Multiplication : par les graines.
Parasites, maladies : si l'air est sec, attaques possibles de cochenilles à carapaces et d'araignées rouges (parasites, voir page 32).

Important : à l'âge adulte, on peut confondre l'*Archontophœnix* avec l'Euterpe et avec le *Chrysalidocarpus*. Signe distinctif : les extrémités des palmes de l'*Archontophœnix* ont la forme d'un V épais.

*L'*Archontophoenix*, un palmier d'intérieur australien.*

L'aréquier convient aux lieux humides et chauds.

Les feuilles pennées de l'aréquier.

Areca catechu
aréquier

La famille des palmiers (*Palmacées*) est parfois désignée par le nom de cette espèce : Arécacées. Ce terme vient de la langue tamoul et signifie "Buisson à noix", catechu est un mot malais. Ce palmier est devenu célèbre en Europe par l'usage de chiquer le bétel. Environ trois cents millions d'hommes entre le Tropique du Cancer et le Tropique du Capricorne mâchent cette drogue stimulante. Ceux qui visitent les pays tropicaux se souviennent sans doute des marques rouges de crachats sur les trottoirs et la chaussée. Ces taches sont produites par la noix de bétel, graine de l'*Areca catechu*. La graine est découpée en tranches, mêlée à de la chaux, du tabac, de la cannelle, et enveloppée dans des feuilles de bétel. Dans nos pays, on fait germer la graine, et la jeune pousse est vendue comme mini-cocotier. Malheureusement, la durée de vie de cette plante au tronc mince, qui dans son pays d'origine atteint jusqu'à 30 m de haut, est très limitée chez nous.

Origine : Philippines, Asie du sud-est.
Où le placer : à une température supérieure à 20 °C, dans un air humide, et à la lumière, durant toute l'année. Pousse mieux dans une serre chaude et humide.
Eau : veillez à une humidité constante. Si vous le placez sur le bord de la fenêtre, glissez une soucoupe remplie d'eau sous le pot. Une teneur en humidité suffisante de l'air s'obtient en vaporisant.
Terre : mélange pour palmiers ou terre de jardin mêlée à du sable de rivière.
Engrais : d'avril à août, utilisez un engrais faiblement concentré tous les quinze jours.
Rempotage : inutile le plus souvent, à cause de la durée de vie de cette plante.
Multiplication : par graines. Avec une température du sol de 25 °C, elles germent au bout de deux à trois mois.
Parasites, maladies : troubles de croissance si le milieu est trop frais et si l'air est trop sec.

Mon conseil : si vous glissez une tablette chauffante sous le pot de ce palmier délicat, il résistera plus lontemps, même s'il est placé sur le bord de la fenêtre.

Les feuilles en "queue de poisson" du Caryota.

La floraison du Caryota mitis.

Caryota mitis

Ce palmier est bien reconnaissable. Ses feuilles pennées doubles ressemblent à des queues de poisson déchiquetées. Plante tropicale, déjà très répandue aux Etats-Unis, le Caryota devient peu à peu à la mode chez nous. Le *Caryota mitis* pousse en buissons, forme de nombreux rejetons qui peuvent prendre racine dans un pot, et il ne vit longtemps à l'intérieur qu'à condition de lui offrir une chaleur régulière. Il pousse assez lentement, mais si son emplacement lui convient il atteint rapidement 1,50 m de haut et autant de largeur. Il a été introduit en Europe vers 1850.
Il est possible de l'admirer dans presque tous les jardins botaniques. Ses fruits ressemblent à des noix (du grec, karyotes, qui signifie semblable à une noix). Les fruits et les fleurs de son parent des Indes orientales, le *Caryota urens*, sont encore plus étonnants. La pulpe des fruits de tous les Caryota contient de l'acide oxalique, irritant pour les muqueuses, comme la pulpe du *Monstera deliciosa.*

Pays d'origine : Indochine.
Où le placer : le tenir au chaud toute l'année, jamais en dessous de 18 °C, dans un endroit clair. Pas au soleil.
Eau : la motte du *Caryota mitis* doit toujours être un peu humide. Il aime une atmosphère très humide, vaporisez-le souvent.
Terre : terre de jardin humifère et sableuse ou mélange pour palmiers.
Engrais : du printemps à l'automne, une fois par semaine.
Rempotage : seulement si les racines sont à l'étroit.
Multiplication : par les graines et par les rejetons.
Parasites et maladies : si l'air est trop sec, risque d'attaques par les araignées rouges. Pointes brunes des palmes si la motte est sèche, ou si une poche d'humidité stagnante s'est formée.

Mon conseil : si vous le rempotez, n'oubliez surtout pas de déposer au fond du pot une couche de drainage formée de gravier, sable ou morceaux de polystyrène.

Le Chamædorea supporte les lieus moins éclairés.

Il fleurit dès ses premières années.

Chamædorea elegans
Palmier de montagne

Le *Chamædorea elegans* (palmier de montagne) est originaire des forêts montagneuses du Mexique et du Guatemala. Il pousse à des altitudes supérieures à 1000 m. Placez sans crainte ce palmier au milieu d'une pièce. Il aime la mi-ombre et supporte bien les températures basses.
Ce palmier gracile développe un petit tronc rigide et annelé, qui atteint 2 m de haut au maximum. Il forme des racines adventives à la base. Les palmes d'un vert tendre sont gracieusement arquées. Chez nous, on obtient des palmiers de montagne à partir de graines, dont la germination est très irrégulière, parce qu'elles proviennent de specimens sauvages. Les plantes âgées de une, deux années ou plus, sont souvent groupées à trois par pot. Les *Chamædorea* font partie des rares palmiers qui fleurissent dès les premières années. Les fleurs femelles de cette plante dioïque, exhalent une odeur suave, les fleurs mâles, portées par des pieds différents, sont dépourvues d'odeur. Si ce palmier est bien soigné, des fleurs jaune pâle apparaissent tout au long de l'année, quelle que soit la saison.
Pays d'origine : Mexique.
Où le placer : un endroit clair ou à mi-ombre. Une fenêtre orientée au nord est l'idéal. Maintenez une température de 20 °C en été, plus basse en hiver. Vous pouvez le sortir dès le mois de juin, en l'installant dans un endroit ombragé.
Eau : il apprécie un air très humide et une moiteur constante de la motte.
Terre : terre de jardin siliceuse, mélange pour palmiers.
Engrais : de mars à septembre, toutes les trois semaines.
Rempotage : seulement lorsque les racines sortent du pot.
Multiplication : à partir des graines.
Parasites, maladies : l'air sec du chauffage central peut favoriser une attaque d'araignées rouges (page 33). En cas de formation d'une poche de saturation d'humidité, les racines peuvent pourrir.

Mon conseil : si votre palmier de montagne fleurit trop abondamment, et si vous désirez éviter d'affaiblir la plante, il vaut mieux couper les inflorescences avant qu'elles ne s'ouvrent.

Le palmier nain, la seule espèce de palmier européen.

Attention aux rangées d'épines sur les tiges !

Chamærops humilis
Palmier nain

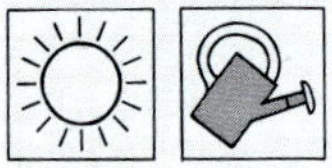

C'est la seule espèce de palmier européen. La plante forme souvent plusieurs troncs. Ce palmier développe des palmes en éventail, bleu vert, très découpées et d'une largeur pouvant atteindre 60 cm. Il doit son nom, *Chamærops*, à sa silhouette particulière (grec : chamai qui signifie bas et rhops, buisson). On peut le confondre avec le *Trachycarpus* (palmier moulin, page 56), mais il s'en différencie par ses tiges épaisses, dotées de dangereuses épines. Le palmier nain forme ses premiers rejetons quand il mesure 20 à 30 cm. Tous les ans apparaît une nouvelle couronne de palmes, qui peut fleurir très tôt s'il est bien soigné. Mais la croissance est fort lente. Dans son pays d'origine, il mesure souvent plus de 5 m, mais il ne dépasse pas 3 m dans un bac.

Pays d'origine : l'ouest de la Méditerranée.

Où le placer : dans un lieu clair, ensoleillé, de 4 à 12 °C en hiver. Il peut passer la mauvaise saison dans la cave ou le garage. Sortez-le d'avril à novembre.

Eau : arrosez-le abondamment, s'il fait chaud et en été. En hiver, surtout si vous le placez à mi-ombre, ne l'arrosez presque jamais. Ne versez pas l'eau au milieu des palmes, sinon le cœur pourrit.

Terre : terre de jardin riche et légère ou mélange pour palmiers.

Engrais : de mars à août, tous les huit jours, apportez un engrais complet liquide.

Rempotage : seulement si les racines menacent de faire éclater le pot.

Multiplication : par graines et par drageonnage.

Parasites et maladies : s'il a passé l'hiver dans un lieu trop chaud, il y a des risques d'attaques de pucerons et de cochenilles à carapace (page 32). En été, des araignées rouges peuvent apparaître (page 33).

Attention ! si vous avez des enfants, remettez à plus tard l'achat d'un palmier nain, parce que les épines de la tige peuvent provoquer de graves blessures.

Le Chrysalidocarpus *aime mi-ombre et humidité.*

A la lumière, il prend une belle couleur jaune d'or.

Chrysalidocarpus lutescens
Palmier d'arec

Sous le nom d'arec jaune, ou de palmier marron, c'est le palmier le mieux vendu. En effet, l'élégance de ce palmier est au moins égale à celle de l'*Howea* (kentia page 49). Mais il est meilleur marché, parce qu'il pousse plus vite et qu'il est plus aisé à cultiver. Il se différencie de l'*Howea*, par ses palmes plus claires, vert jaune, aux pointes légèrement inclinées. Il réclame davantage de chaleur que l'*Howea* australien et supporte mieux l'humidité du sol. Dans sa patrie malgache, il peut atteindre 10 m de haut. En appartement, s'il est bien soigné il peut pousser facilement de 20 cm par an. Les palmes mesurent 1 m environ, sont pennées et découpées, d'un bel effet ornemental. L'arec jaune ou palmier marron, est vendu dans toutes les tailles, le plus souvent en grosses touffes sous le nom d'areca.

Pays d'origine : Madagascar.

Où le placer : dans un endroit chaud toute l'année, jamais en dessous de 16 °C. Un lieu clair, mais pas en plein soleil.

Eau : veillez à une humidité constante, et surtout à la meilleure hygrométrie possible. Vaporisez souvent les palmes en hiver ! Il supporte très bien d'être baigné si la température de la pièce est élevée.

Terre : terre de jardin riche et poreuse ou mélange pour palmiers.

Engrais : de mars à début août, une fois par semaine.

Rempotage : tous les deux ou trois ans.

Multiplication : par semis ou par drageonnage. Le palmier d'arec forme des rejetons.

Parasites et maladies : si l'air est trop sec, risque d'attaque de pucerons (page 32), jaunissement des palmes et apparition de taches brunes.

Mon conseil : mettez votre vieux palmier d'arec à l'extérieur à partir de début juin, dans un endroit ombragé. Il adore l'eau de pluie !

Un des palmiers les plus utiles et les plus appréciés.

Détail des jeunes troncs.

Cocos nucifera
Cocotier

Un ancien dicton hindou rapporte que les cocotiers sont 999 fois utiles. Le cocotier compte parmi les plus beaux palmiers du monde, et il fournit protéines, corps gras, bois de chauffage et ustensiles de maison à plus de 400 millions de personnes, sans compter la couverture des habitations avec ses grandes palmes. Beaucoup ignorent que, grâce à leur poids spécifique réduit, et à l'enveloppe extérieure de leur coquille qui est lisse et munie de fibres les noix de coco peuvent parcourir 4 500 km en flottant sur l'eau salée et conserver pourtant leur pouvoir de germination. C'est peut-être ainsi que les cocotiers atteignirent Hawaï, jeune île volcanique dépourvue de plantes à l'origine. Aujourd'hui, les cocotiers comptent parmi les plantes les plus connues. Les noix à partir desquelles ils sont cultivés proviennent surtout de la Côte d'Ivoire. Vous pouvez faire germer votre cocotier à partir d'une noix. Un essai vaut la peine (page 39). La plante ainsi obtenue est de petite taille, ne pousse pas avec fougue et préfère vivre à l'intérieur. Il faut savoir aussi que les cocotiers ne vivent pas longtemps dans l'air sec des intérieurs.

Pays d'origine : Asie du sud-est, Océan Pacifique.
Où le placer : dans un endroit aussi clair et chaud que possible. Il supporte mal le plein soleil. Placez-le à l'ombre à l'heure de midi, en été ! Pas de température inférieure à 18 °C en hiver.
Eau : Il aime un air très humide. Vaporisez fréquemment. La motte ne doit jamais être sèche.
Terre : mélange pour palmiers, terre franche et sable de rivière en proportions égales.
Engrais : d'avril à septembre, toutes les semaines, mais dilué.
Rempotage : le plus rarement possible.
Multiplication : par les graines.
Parasites et maladies : rares. Un flétrissement des feuilles basses est normal, car c'est ainsi que le tronc se forme. Des pointes brunes indiquent que l'air manque d'humidité.

Mon conseil : depuis que j'ai placé mon cocotier sous un éclairage pour plantes en hiver, et que je le vaporise quotidiennement avec de l'eau tiède, il supporte non seulement mieux la morte saison, mais il a dépassé déjà de deux années la durée de vie moyenne des cocotiers d'appartement.

Le Howea belmoreana *se tient bien droit.*

Le Howea forsteriana *étend ses feuilles arquées.*

Howea belmoreana
Howea forsteriana
Howea, kentia

Nous achetons ces plantes jeunes. Il est alors difficile d'en distinguer les deux espèces. Plus tard, il est possible de les reconnaître à leur aspect : le *Howea forsteriana* pousse plus vite et s'étend davantage en largeur, tandis que le *Howea belmoreana* pousse relativement lentement et se tient en position dressée. Les deux espèces ont un seul tronc, et sont proposés par pieds de trois à cinq. Ces palmiers sont assez chers, mais leur prix est justifié. Peu de palmiers sont à la fois si faciles d'entretien et si décoratifs. Leur prix élevé est dû à la rareté de la graine qui, germée ou non, provient d'Australie. C'est pourquoi on essaye de multiplier ce palmier recherché par de nouvelles techniques in-vitro.

Pays d'origine : île de Lord Howe, en Australie.

Où le placer : dans un lieu clair, ou à la mi-ombre. Il ne supporte pas le soleil direct. Avec une luminosité réduite, il croît à peine. Température constante de la pièce, toute l'année : jusqu'à 25 °C le jour, 15 à 18 °C la nuit. Placez les plantes plus âgées, à partir de début mai, à l'extérieur, dans un lieu ombragé et protégé du vent ou pensez à ouvrir les fenêtres de la pièce durant la journée.

Eau : arrosez modérément, laissez toujours la terre sécher entre deux apports d'eau.

Terre : terre de jardin, mêlée à un peu de sable de rivière.

Engrais : de mars à septembre, toutes les semaines mais à petite dose.

Rempotage : seulement si les racines sont à l'étroit. Dans les pots en matière synthétique, placez d'abord au fond une couche de drainage faite de morceaux de terre cuite ou d'argile expansée.

Multiplication : par les graines, mais assez capricieuse.

Parasites et maladies : si l'air est trop sec, la plante risque d'être attaquée par les araignées rouges et les cochenilles à carapace (page 33). Le cœur pourrit en cas d'humidité stagnante à l'intérieur de la terre.

Mon conseil : en hiver, les kentia en pot de matière synthétique reçoivent souvent trop d'humidité. Le mieux est de les placer dans des pots de terre cuite lors du prochain rempotage ; ces récipients absorbent l'excédent d'eau et restituent peu à peu l'humidité à la terre.

Livistona rotundifolia *d'Indonésie.*

Livistona australis*, et ses palmes en ombrelles.*

Livistona australis
Livistona chinensis
Livistona rotundifolia

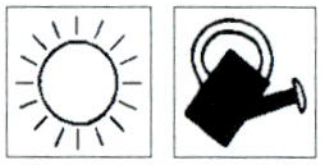

Ces palmiers du plus bel effet ornemental étaient déjà très à la mode au siècle dernier. Ils doivent leur nom au baron Livingstone, d'origine écossaise. Les premiers specimens arrivèrent en Europe dès 1818 et 1824. La beauté des *livistona* est due à leurs larges palmes en demi-cercle, éloignées les unes des autres. Elles atteignent, dès les premières années, 60 à 90 cm de diamètre, pour un palmier d'environ 1 m de haut. Ils sont reconnaissables à leur tronc droit, couvert de moignons d'anciennes palmes. Les bords des tiges portent des arêtes vives et souvent dotés d'épines. Le *Livistona australis* a des palmes brillantes, qui se tendent vers le haut. Le *Livistona chinensis* et le *Livistona rotundifolia* portent des palmes qui tendent à s'incliner.

Pays d'origine : Australie et Chine du sud.

Où le placer : dans un lieu clair ou ensoleillé. Il peut passer l'été à l'extérieur. En hiver, 12 à 14 °C suffisent. Les plantes saines et plus âgées seraient à même de supporter jusqu'à - 6 °C.

Eau : en été, s'il est placé en un endroit chaud, arrosez abondamment. En hiver, veillez seulement à une humidité normale.

Terre : terreau de rempotage avec sable et tourbe ou mélange pour palmiers, composé pour moitié de terre franche et de sable de rivière.

Engrais : d'avril à août, toutes les semaines.

Rempotage : seulement si la motte est à l'étroit dans le pot.

Multiplication : par les graines.

Parasites, maladies : pucerons, cochenilles à carapace en cas d'air trop sec, et si les plantes sont placées dans un lieu trop sombre et trop chaud en hiver (page 32).

Mon conseil : les *livistona* poussent très lentement, mais il leur faut très vite beaucoup de place. Ils ne conviennent donc pas pour les petits appartements ou les balcons !

Attention : risque de blessure avec les tiges coupantes et munies d'épines !

Le Microcœlum *aime la chaleur et l'humidité.*

Les palmes pennées du microcœlum.

Microcœlum weddelianum
Cocos

C'est le palmier en pot le plus vendu en petite taille, souvent proposé aux amateurs novices. Pourtant cette plante gracieuse des forêts tropicales convient mieux aux personnes qui ont déjà l'expérience des plantes exotiques (orchidées, bromélias) en jardin d'hiver chaud et humide. Le cocos est heureux dans un tel milieu. Il peut y vivre longtemps, parce que les plantes les plus âgées dépassent rarement 1,50 m de hauteur. Vous devez reconstituer son milieu d'origine dans les pièces de séjour à l'air sec, par quelques astuces.

Pays d'origine : la partie tropicale du Brésil.

Où le placer : dans un lieu clair et chaud, jamais en dessous de 20 °C. Protégez-le du soleil.

Eau : maintenez une humidité constante. Arrosez un peu moins en hiver, mais vaporisez plus souvent.

Terre : mélange pour palmiers.

Engrais : au printemps et en été, tous les mois.

Rempotage : tous les deux à trois ans.

Multiplication : par semis. Mais la graine ne germe que par une température de 30 °C au sol.

Parasites, maladies : brunissement des pointes lorsque la motte est sèche et si l'air n'est pas assez humide. Arrêt de la croissance si l'hygrométrie est trop faible, et si le dessous du pot est froid. Plus rarement, jaunissement des feuilles dû à un excès d'humidité de l'air.

Mon conseil : mes *Microcœlum* vivent depuis quelques années devant une fenêtre orientée à l'est, dans une vasque garnie d'argile expansée, que je veille à maintenir humide en permanence. En hiver, je les vaporise abondamment une à deux fois par jour. Il semble que bien soigné, le *Microcœlum* peut vivre plus de dix ans à la maison.

Le Phœnix canariensis, *un palmier en pot résistant.*

L'inflorescence du Phœnix canariensis

Phœnix canariensis
Phœnix dactylifera
Dattier des Canaries
Palmier dattier

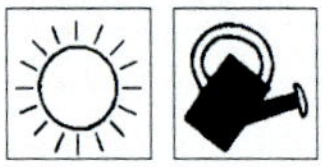

Le dattier des Canaries est très répandu, le véritable palmier dattier est facilement cultivé à partir des noyaux de dattes (page 38). Les soins que ces palmiers demandent sont à peu près les mêmes. Tous deux aiment le soleil, mais ont besoin d'une abondance d'eau et apprécient l'air frais, même en hiver. Un poète arabe dit que le palmier dattier trempe ses pieds dans l'eau et son front dans le feu du ciel. Si vous faites l'acquisition de divers *phœnix*, tenez compte de leur besoin de place. De plus, le dattier des Canaries, s'il est bien soigné, croît vite en largeur. Il vaut mieux que ces plantes soient isolées, à cause des palmes assez raides et des pointes rigides. Ces palmiers en grande taille sont le plus souvent importés d'Italie et d'Espagne. Avant l'expédition, les racines qui dépassent du pot sont pliées. A leur arrivée, les palmiers sont rempotés. Un commerçant sérieux ne les achète que lorsque la motte s'est complètement régénérée.

Pays d'origine : îles Canaries, Arabie, Afrique du Nord.
Où le placer : dans un lieu aussi clair que possible, durant toute l'année. A partir de la mi-mai, à l'extérieur dans un endroit ensoleillé. En hiver, une pièce claire, aérée et fraîche, jusqu'à 5 °C. Cette plante est rustique sur la côte d'Azur.
Eau : durant l'été en abondance. En hiver, arrosez de manière ponctuelle.
Terre : mélange pour palmiers, ou terre de jardin mêlée de sable de rivière.
Engrais : d'avril à août, tous les quinze jours.
Rempotage : tous les deux ou trois ans pour les plantes jeunes. Seulement en cas de besoin pour les plantes plus âgées.
Multiplication : par les graines.
Parasites, maladies : rares, mais si l'air est trop sec, attaques d'araignées rouges (page 33).

Mon conseil : lors des étés exceptionnellement chauds de 1976 et 1990, de nombreux *Phœnix* se sont desséchés. Ceci indique combien il est important, même pour une plante qui raffole du soleil, de l'acclimater d'abord dans un emplacement à demi ensoleillé, avant de la placer en plein soleil.

Phœnix rœbelenii, *un palmier très gracieux.*

La palme du Phœnix rœbelenii.

Phœnix rœbelenii

A la différence des autres Phœnix, ses cousins, ce palmier ne doit être placé à l'extérieur en été que lorsqu'il est déjà un peu âgé et plus résistant. Il aime la chaleur et prospère particulièrement bien dans les jardins d'hiver humides. Sa silhouette gracieuse -son tronc dépasse à peine 1,50 à 2 m- même à l'âge adulte, en fait un arbre idéal dans les petits appartements. Le *Phœnix rœbelenii* forme des palmes fines, élégamment recourbées. Les jeunes pousses semblent saupoudrées de farine, parce qu'elles sont recouvertes de fibres blanches. Cette plante pousse en buisson quand elle est jeune, puis forme des tiges. C'est un des rares palmiers que l'on peut trouver avec un tronc déjà bien développé. Mais les prix sont toujours très élevés.

Pays d'origine : Laos.

Où le placer : un lieu très clair à l'intérieur, un peu ombragé à l'extérieur, et chaud en permanence. En hiver, la température ne doit jamais descendre en dessous de 15 °C.

Eau : il aime une forte humidité. Vaporisez souvent lorsque le chauffage fonctionne. La motte doit toujours être un peu humide, mais jamais détrempée, ni sèche.

Terre : un mélange pour palmiers qui contient de la tourbe blonde, ou de la terre de bruyère et du polystyrène. Il a besoin d'un substrat aéré et riche en humus.

Engrais : d'avril à août, à faible dose.

Rempotage : seulement si c'est nécessaire.

Multiplication : par les graines.

Parasites, maladies : s'il est placé en un lieu froid et humide, des troubles de la croissance peuvent se produire et les palmes ont tendance à brunir. Si l'eau d'arrosage est trop dure (page 19) il y a un risque de chlorose. Si l'air est trop sec, attaques éventuelles d'araignées rouges (page 33).

Mon conseil : si les palmes pâlissent et blanchissent, la plante souffre d'un manque de fer. Il faut lui administrer régulièrement des doses de magnésium et de fer, que vous trouverez dans le commerce (Séquestrène), afin de rétablir le bon fonctionnement de la chlorophylle et une bonne assimilation des éléments nutritifs.

Le Rhapis, *un très robuste palmier pour l'intérieur.*

Le Rhapis humilis *conserve une taille assez réduite.*

Rhapis excelsa
Rhapis humilis

Le *rhapis* est un palmier doté d'un charme très oriental, avec ses minces tiges, qui évoquent des bambous et sont recouvertes de duvet brun. Ces deux espèces de Rhapis furent des plantes d'appartement recherchées au début du siècle. Ils sont résistants, décoratifs et s'accommodent d'un emplacement moyennement éclairé. Il est donc possible de les installer dans une cage d'escalier, à condition qu'il n'y règne pas un courant d'air permanent. Les palmes, en forme d'éventail, atteignent 15 à 30 cm de large. Le *Rhapis excelsa* en pot atteint jusqu'à 2 m de haut. Le *Rhapis humilis*, plus délicat, ne dépasse pas 1 m et présente des petits tiges très rapprochées.

Pays d'origine : Chine, Japon.

Où le placer : dans un lieu clair ou exposé à la mi-ombre. Pas de plein soleil direct. En été au chaud, en hiver au frais, de 5 à 10 °C. A partir de la mi-mai, on paut le placer à l'extérieur, dans un endroit un peu ombragé.

Eau : au printemps et en été, arrosez abondamment. Vaporisez les palmes de temps à autre. En hiver, arrosez modérément.

Terre : terre franche siliceuse, ou terreau mêlé à du sable de rivière.

Engrais : de mai à août, toutes les semaines.

Rempotage : seulement, si la motte semble sortir du pot.

Multiplication : par graines et par rejetons, que l'on sépare de la plante-mère et que l'on replante de manière autonome.

Parasites, maladies : les palmes peuvent sécher et brunir si le *rhapis* est placé dans un lieu trop chaud et dans un air trop sec. Jaunissement des palmes, en cas d'infestation d'araignées rouges (page 33).

Mon conseil : le *Rhapis* est le seul palmier qui existe en bonsaï. Aux Etats-Unis, où il est connu et recherché sous le nom de "Lady Palm", certains producteurs de plantes vertes se consacrent uniquement à sa culture.

Le Sabal minor *aime les lieux éclairés.*

Le Sabal palmetto *est originaire de Floride.*

Sabal minor
Sabal palmetto
Chou palmiste

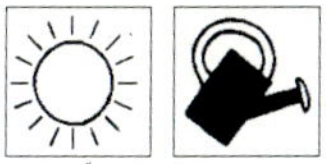

On connaît environ 52 espèces de *Sabal*, originaires d'un territoire qui s'étend du Vénézuela jusqu'au au sud des Etats-Unis, en passant par l'Amérique Centrale, le Mexique et les Antilles. Les *Sabal* se distinguent par leurs palmes en éventail profondément découpées. Il en existe des variétés dépourvues de tronc qui poussent en buissons, d'autres dont les troncs puissants se développent souvent en oblique. Les spécimens les plus grands atteignent 25 m de haut, et leur tronc mesure 1m de diamètre. Ces splendides palmiers caractérisent le paysage de Cuba, et ont dû vraisemblablement pousser aussi chez nous en Europe à l'époque préhistorique. On a trouvé en Italie des palmes fossiles qui dataient du miocène (troisième période de l'ère tertiaire). Des producteurs spécialisés cultivent le *Sabal minor*, qui ne dépasse pas 2 m de haut, pousse en buissons et forme des rhizomes latéraux. Ses palmes de plus d'un mètre de large et très découpées sont parfois veinées de bleu. Il existe aussi en culture le *Sabal palmetto*, dont les moignons des pétioles tracent un beau dessin sur le tronc principal.

Pays d'origine : Amérique subtropicale.

Où le placer : dans un lieu très éclairé toute l'année, surtout en hiver. Plante idéale pour les façades vitrées. En été, au chaud. En hiver, dans une pièce un peu plus fraîche (10 à 15 °C). A partir de mai, à l'extérieur dans un coin du jardin chaud et ensoleillé.

Eau : en été, arrosez abondamment. En hiver, mouillez juste assez pour que la motte ne se dessèche pas.

Terre : terre franche siliceuse et humifère ou terreau mêlé de sable de rivière.

Engrais : de mai à août, tous les huit jours.

Rempotage : seulement si c'est nécessaire.

Multiplication : par les graines. On peut essayer de multiplier le *Sabal minor* par rejets.

Parasites, maladies : rares si ces palmiers sont placés dans un lieu bien éclairé.

Le Trachycarpus *supporte des températures négatives.*

Etrange relief d'un vieux tronc.

Trachycarpus fortunei

Palmier moulin

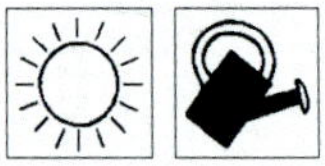

On le rencontre dans presque tous les jardins botaniques. Il est rustique sur les rives des lacs d'Italie du Nord, sur la côte d'Azur ou sur les côtes baignées par le Gulf Stream, dans les régions viticoles. C'est le plus robuste des palmiers. Il supporte jusqu'à -20 °C, en Angleterre du moins. Le *Chamærops* (palmier nain page 46) et le *Livistona* (page 50), avec lesquels il est aisé de le confondre, ne sont pas aussi résistants. Le palmier moulin dépasse rarement 2 m de haut en pot. Il forme un tronc massif, couvert de poils, et des palmes presque rondes, d'un vert brillant, qui terminent des pétioles de 40 à 90 cm dépourvus d'épines.

Pays d'origine : Asie du sud-est.

Où le placer : dans un lieu éclairé, mais pas nécessairement en plein soleil. A partir de mai, à l'extérieur. L'expérience montre que le palmier moulin supporte - 15 °C sous nos climats et peut être planté à l'extérieur, si l'on prend la précaution de le protéger par de la paille ou des feuilles de voile non tissé avant l'hiver. Il importe de ne pas mouiller le cœur. Ce palmier supporte bien mieux le froid sec que le froid humide. Les plantes en pot demandent une température de 0 à 5 °C l'hiver, un endroit clair de préférence, ou dans l'ombre claire. N'oubliez pas d'aérer !

Eau : en été, arrosez davantage. En hiver, veillez seulement à ce que la motte ne se dessèche pas.

Terre : terre franche ou terreau et sable de rivière.

Engrais : de mai à septembre, toutes les semaines sous forme liquide.

Rempotage : seulement si la motte se trouve à l'étroit.

Multiplication : par les graines.

Parasites, maladies : champignons (page 34) et infestation par les araignées rouges et les cochenilles (page 33), s'il est placé dans un endroit trop chaud en hiver. Le cœur risque de pourrir si vous arrosez trop en période de repos végétatif. Lorsque vous rentrez la plante à l'automne, coupez les palmes sèches.

Mon conseil : les palmiers moulins en pleine terre atteignent plusieurs mètres de haut. S'ils sont en bacs, leur croissance se limite à quelques centimètres par an. Il vaut mieux éviter d'acheter des palmiers moulins de trop petite taille.

Le Washingtonia*, un majestueux palmier.*

La feuille du Washingtonia filifera *et ses fils.*

Washingtonia
Palmier éventail

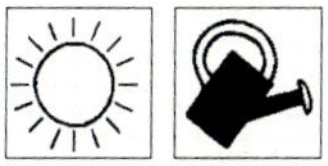

Le *Washingtonia* est un splendide palmier à cultiver en pot. Il croît rapidement et forme des palmes en éventail presque circulaires. Au contraire de beaucoup d'autres sortes de palmiers, ses palmes ne tombent pas en vieillissant. Elles s'inclinent vers le bas et entourent le tronc, à la manière d'un jupon. Ceci lui vaut le nom de "peticoatpalm", palmier jupon, dans les pays de langue anglaise. Vous trouverez dans le commerce l'espèce mexicaine *Washingtonia robusta* et la forme californienne *Washingtonia filifera*, dont les feuilles laissent pendre de nombreux fils brun clair. (*filifera* : qui porte des fils). Les deux espèces développent un tronc particulièrement décoratif, par le dessin que forment les marques des attaches des anciennes feuilles. Les palmes du *Washingtonia robusta* sont d'un vert brillant, celles du *Washingtonia filifera* sont gris vert.

Pays d'origine : Arizona, Californie, Mexique.

Où le placer : dans un lieu clair et aéré. A la chaleur en été. Au frais en hiver, entre 5 à 8 °C. Le *Washingtonia* ne tolère pas le chauffage. A l'extérieur à partir de la mi-mai.

Eau : arrosez abondamment en été, moins en hiver.

Terre : terre franche ou terreau mêlé à du sable de rivière.

Engrais : d'avril à août, tous les quinze jours.

Rempotage : tous les ans pour les jeunes plantes, rarement pour les plantes plus âgées.

Multiplication : par les graines.

Parasites, maladies : pucerons (page 32) et brunissement des pointes lorsque l'air est trop sec et vicié. Passer toute l'année à l'intérieur ne convient, à la rigueur, qu'aux plantes jeunes.

Mon conseil : les *washingtonia* croissent assez vite et peuvent, même en bac, atteindre 2 m de large et 3 m de haut. Ils conviennent parfaitement aux jardins d'hiver spacieux, mais moins aux petits balcons.

Attention : ne négligez pas les risques de blessures avec les tiges des palmes dotées d'épines !

Verschaffeltia, *le palmier à échasses.*

Aïphanes caryotifolia, *le palmier hérisson.*

Quelques palmiers exotiques originaux

Parmi les nombreuses espèces de palmiers, certaines se distinguent assez nettement des autres par leur port ou leur aspect. Ces plantes se rencontrent surtout dans les jardins botaniques et les collections tropicales, mais il nous semble intéressant de vous les présenter.

Verschaffeltia **le palmier à échasses**

Spécifique de l'Océan indien, ce genre de palmier ne comprend qu'une seule espèce : *Verschaffeltia splendida*. On l'apprécie pour la beauté de ses palmes dressées, souplement arquées et sa particularité de développer des racines aériennes à la base du tronc. Au fur et à mesure que le palmier grandit, il donne l'impression d'être porté par des échasses. On en trouve de splendides spécimens au jardin botanique de Pamplemousses à l'Ile Maurice. Les jeunes feuilles sont d'abord entières, puis elles se divisent sous l'effet du vent. Dans sa jeunesse, ce palmier est très épineux. Ensuite, il devient glabre. Les petites plantes sont très décoratives et peuvent fort bien pousser en pot dans un jardin d'hiver chauffé ou une serre chaude. Une forte humidité atmosphérique est indispensable à son bon développement.

Aiphanes **le palmier hérisson**

Ressemblant beaucoup à un *Caryota* pour ses feuilles en forme de queue de poisson, *Aiphanes caryotifolia* est très reconnaissable à son tronc recouvert d'aiguilles acérées de couleur noire. Les feuilles aussi sont épineuses. Le genre *Aiphanes* est assez important. Il compte 38 espèces réparties entre l'Inde et l'Amérique du Sud. Toutes sont épineuses. On les appelle parfois "Martinezia". Le palmier hérisson, originaire de Colombie et du Vénézuéla a été très populaire en Angleterre au début du siècle. Il faisait partie des espèces recherchées par les collectionneurs. Aujourd'hui, il est beaucoup moins répandu. Il requiert une ambiance chaude et humide et un éclairage tamisé. Sol riche et bien drainé, arrosage généreux. La propagation par graines donne de bons résultats. La semence germe après 2 mois environ. Un coffre à multiplication en serre est indispensable.

Myophorbe Pagenicaulis, *le palmier bouteille.*

Le coco fesse, la plus grosse graine du monde.

Hyophorbe
le palmier bouteille
Comptant 5 espèces de Madagascar et de l'Ile Maurice, le genre *Hyophorbe* est un des plus décoratifs de tous les palmiers. Il doit son attrait à la forme particulière du tronc des jeunes plantes. Renflé à la base et s'amincissant vers l'extrémité, il ressemble à une bouteille, d'où son nom populaire. Ce phénomène est particulièrement remarquable chez *Hyophorbe lagenicaulis*, plante originaire de l'Ile ronde à Maurice. Le nombre des palmes dépasse rarement six, mais elles sont très grandes et légèrement spiralées, autre caractéristique originale de cette plante. Ce palmier est exigeant sur le plan de la chaleur. Il nécessite une culture permanente sous abri vitré) 20 °C minimum. Forte hygrométrie indispensable. Habitué des climats maritimes et des embruns, il requiert une bonne ventilation. Les sols salés sont bien acceptés. Croissance très lente.

Lodoicea
le coco fesse
Appelé aussi "coco de mer", ce palmier est spécifique des Seychelles, où il est considéré comme un trésor national. C'est une grande plante au tronc bien droit, portant d'imposantes feuilles rigides en éventail. La renommée de ce palmier vient surtout de ses noix énormes. Ce sont d'ailleurs les plus grosses graines du règne végétal. La plante est dioïque, seul les pieds femelles portent les fruits. La forme très suggestive des noix, a donné à cette plante son nom populaire. Aujourd'hui, ce palmier ne pousse plus à l'état spontané que dans la vallée de Mai sur l'Ile de Praslin. On en recense environ 4 000 sujets. On le trouve aussi dans de nombreux jardins botaniques. Les "coco fesse" mesurent environ 50 cm de long. Ils peuvent peser jusqu'à 20 kg. Une grappe de fruits peut en porter jusqu'à 10.

Adresses et bibliographie

Revues de jardinage
Mon jardin , ma maison
20, rue de Billancourt
92100 Boulogne
L'Ami des jardins et de la maison
8-10, rue Pierre Brossolette
92300 Levallois Perret
Vivre au jardin
23-25, rue de Berri
75008 Paris
Rustica
6, rue Gager Gabillot
75015 Paris

Magasins où s'approvisionner en palmiers
Enseignes Jardiland, Vilmorin, Truffaut et toutes les jardineries en périphérie des villes.

Semences de palmiers
Les collections de semences de palmiers ne sont pas très importantes dans les grandes marques. Vous en trouverez cependant chez Vilmorin et Tézier.

Consultations, soins d'urgence, traitements, rempotages
Allo-Clinique Plantes :
(1) 45 74 71 10
et par courrier :
Allo-Clinique Plantes
8 rue Villebois-Mareuil
75017 Paris

Plantes plus exceptionnelles
Despalles
5 rue d'Alésia
75014 Paris

Les jardiniers de Villebois
(palmiers de collection)
8 rue Villebois-Mareuil
75017 Paris

Etablissement Carrier
boulevard de la mer
83600 Fréjus

Pépinières Jean Rey
64150 Jonquières

Pépinières du gros Pin
Quartier de l'Almanarre
83400 Hyères les Palmiers

Van Speybrœck Noé SA
Brusselsesteenweg 136,
9090 Melle, Belgique

Plantiberica SA
Finca del Transformator
Calmi del Crist S/N
08340 Vilassar de Mar, Espagne

Pépinières Jacques Peyret
Route de St Nazaire,
Canet Village
66140 Canet Plage

Pépinière la Palmeraie
Route du Col de Serre,
Quartier des Loubes
83400 Hyères les Palmiers

Mer et jardin
880, Avenue St Exupéry
06210 Mandelieu

Huerto del Cura SA
Porta de la Morera, 49
03203 Elche, Espagne

Pépinières de l'Hermitan
83310 Cogolin

Pépinières Fourny
Route de Poretta, Lucciana
20290 Borgo

Dino Pellizaro
200, Chemin de Léouse
06230 Vallauris

Plantes de force exceptionnelle et espèces rares
Michel Gaillard
B.P. 11
77450 Condé- Sainte Libiaire

Edelga

Pépinières du gros pin

Pépinières Derly
B.P. N°3
27420 Les Thilliers en Vexin

Hydroculture
Vilmorin
4 quai de la Mégisserie
75001 Paris

Rina-Flor
6 cours de Vincennes
75020 Paris

Cache-pot
Le Cèdre Rouge (bacs et matériel de jardin)
22 avenus Victoria
75001 Paris

Les Jardiniers de Villebois
(céramique, terra cotta)
8 rue de Villebois-Mareuil
75017 Paris

Palmariums et jardins de palmiers
Serres de la Ville de Paris
3 avenue de la Porte d'Auteuil
75016 Paris
Phœnix : Parc floral de Nice
405 promenade des Anglais
06200 Nice
Royal Botanic Gardens à Kew en Angleterre
Huntingdon Botanical Gardens San Marino, Californie, Etats-Unis.
Fairchild tropical gardens, Floride, Etats-Unis
Royal Botanic Gardens Pamplemousses of Mauritius (specimens rares et âgés)
Bogor Botanic Gardens Djakarta, en Indonésie (le plus ancien jardin botanique des tropiques)
Paradeniya Gardens, à Sri Lanka.

Les avenues plantées de palmiers
Les trois allées plantées de palmiers du Jardin Botanique de Rio de Janeiro, au Brésil.
Royal Palm Way à Palm Beach, Miami, Etats-Unis.
La Croisette à Cannes, France.
La Promenade des Anglais à Nice, France.
Les rues de la ville d'Hyères les Palmiers, France.

Index

Les chiffres en gras renvoient aux illustrations. C= photos de couverture.

Index

Photos de la couverture :
Première : *Howea forsteriana.*
Deuxième : palme de *Washingtonia filifera.*
Troisième : jardin d'hiver.
Quatrième : *Microcœlum weddelianum* (en haut, à gauche) ; *Sabal palmetto* (en haut, à droite) ; *Chamædora elegans* (en bas, à gauche) ; *Washingtonia* (en bas, à droite).

Crédits photographiques :
Bavaria : 87, 41 ; Becker : 7, 29, 64, 3e de couv. ; Burda/mein Schöner Garten : 13, 14 droite ; Eigstler : 25 ; Heitz : 2e de couv., 1, 10, 38, 51 droite, 52 droite, 56 droite ; Gebrüder Lenz : 27 ; Pott : 37 ; Riedmiller : 1re de couv., 3 milieu droite, 9, 15, 17, 30, 42, 43, 44 gauche, 45 gauche, 46 gauche, 47, 48, 49, 50, 51 gauche, 52 gauche, 53, 54, 55, 56 gauche, 57 ; Stork : 2e et 3e de couv. ; Wetterwald : 2 gauche, 5, 14, 21, 45, 46 droite, 57 droite ; P. Mioulane/A. Descat / Agence M.A.P. : 58/59.

L'édition originale de cet ouvrage a été publiée sous l'intitulé *Palmen, So gedeihen sie am besten* par Gräfe und Unzer GmbH, München.

Traduction : Florence Sénès.
Secrétariat d'édition, composition et maquette : Société Les Cours, Caen.
Dépôt légal : octobre 1991.
N° éditeur : 629
ISBN : 2.0101.8093.7
Impression : Canale à Turin, Italie.